Salim Ceyhan
Gülçin Çivi

# Bazı Özel Kropina Uzayları ve Kropina Metrik Dönüşümleri

Salim Ceyhan
Gülçin Çivi

# Bazı Özel Kropina Uzayları ve Kropina Metrik Dönüşümleri

Türkiye Alim Kitapları

**Impressum / Yayınevi adı**
Bibliografische Information der Deutschen Nationalbibliothek: Die Deutsche Nationalbibliothek verzeichnet diese Publikation in der Deutschen Nationalbibliografie; detaillierte bibliografische Daten sind im Internet über http://dnb.d-nb.de abrufbar.


Deutsche Nationalbibliothek tarafından yayınlanan bibliyografik bilgiler: Deutsche Nationalbibliothek, bu yayını Deutsche Nationalbibliografie'de listeler; detaylı bibliyografik bilgi İnternet'te http://dnb.d-nb.de sitesinde mevcuttur.


Coverbild / Kitap kapağı resmi: www.ingimage.com

Verlag / Yayıncı:
Türkiye Alim Kitapları
ist ein Imprint der / yayınevinin bir ticari markasıdır
OmniScriptum GmbH & Co. KG
Heinrich-Böcking-Str. 6-8, 66121 Saarbrücken, Deutschland / Almanya
Email / E-posta: info@turkiye-alim-kitaplary.com

Herstellung: siehe letzte Seite /
Basım yeri: son sayfaya bakın
**ISBN: 978-3-639-67197-1**

# İçindekiler

# Şekil Listesi

# Sembol Listesi

$M$: $n-$boyutlu, diferansiyellenebilir manifold

$F = F(x,y)$: Finsler metrik fonksiyonu

$F_n$ : $n-$boyutlu Finsler uzayı

$g_{ij}(x,y)$: Finsler uzayının metrik tensörü

$g_y(u,v)$: u, v vektörlerinin iç çarpımı

$\alpha(x,y)$ : Riemann metriği

$\beta(x,y)$ : Diferansiyel $1-$form

$a_{ij}(x)$ : Riemann uzayının metrik tensörü

$\delta^i_j$ : Kronecker deltası

$h_{ij}(x,y)$ : Finsler uzayının açısal metrik tensörü

$G_{_F}$ : $F$ Finsler metriğinin spreyi

$G^i_{_F}(x,y)$ : $F$ Finsler metriğinin sprey(geodezik) katsayıları

$R^i_k(x,y)$ : Riemann eğrilik tensörü

$R^i_i$ : Ricci eğriliği veya Ricci skaleri

$K(x,y)$ : Flag eğrilik

$P(x,y)$ : Projektif çarpan

$Q_0, Q_1, Q_2$ : Projektif invaryantlar

$W^i_k$ : Weyl eğrilik tensörü

$D^h_{ijk}$ : Douglas eğrilik tensörü

$B\Gamma(G^i_{_F jk}, G^i_{_F j}, 0)$ : $F$ Finsler metriğinin Berwald konneksiyonu

$R^i_{ljk}$ : $R$-eğrilik tensörü

$;$ : $\alpha$ Riemann metriğinin Berwald konneksiyonuna göre yatay kovaryant türevi

$|$ : $F$ Finsler metriğinin Berwald konneksiyonuna göre yatay kovaryant türevi

$||$ : $\widetilde{F}$ Finsler metriğinin Berwald konneksiyonuna göre yatay kovaryant türevi

# Bölüm 1

# Giriş

## 1.1 Finsler Geometrisinin Tarihsel Süreci

M.Ö.$300$ de Öklid, düzlem geometriyi ünlü beş aksiyomu ile tanımlamıştır. Öklidyen geometri, $R^n$ de noktalar, doğrular, düzlemler, açılar gibi kavramları ve Öklid geometrisinin aksiyomlarıyla oluşturulmuş önerme ve teoremleri baz alır(Pisagor teoremi, trigonometrik formüller,...). Doğayı anlamak için düz olmayan uzaylar üzerinde geometri inşa etmeye ihtiyaç vardır. İlk olarak Gauss bu amaçla $R^3$ te $2-$boyutlu yüzeyleri çalışarak düz olmayan uzayları tanımlamıştır. Daha sonra, B. Riemann, $1854$ de Öklidyen uzaylara yerel olarak homeomorfik olan manifold tanımını vermiştir. Sonra bir manifold üzerinde, vektörler arasındaki açıları, iki nokta arasındaki uzaklığı ve eğrilerin uzunluğunu ölçmeyi sağlayan Riemann metriğinin tanımını vermiştir. Bununla birlikte, Riemann sonsuz küçük bir büyüklüğün verilmesiyle, genel düzgün mesafe fonksiyonlarını ifade etme problemini de ortaya atmıştır. P. Finsler tarafından bir Finsler manifoldu üzerinde varyasyonlar hesabı yöntemleriyle, bu problem inceleninceye kadar yaklaşık $60$ yıl süren çalışmalardan somut bir sonuç elde edilememiştir. Finsler'in $1918$ deki doktora tezi çalışması bu doğrultudaki ilk adım olmuş ve izleyen bir kaç yıl içinde varyasyonlar hesabının notasyonları yerini tensör hesabı notasyonlarının kullanımına bırakmıştır. $1925$ te Synge, Taylor ve Berwald hemen hemen eş zamanlı olarak bu yeni uzay için tensör hesabı metotlarını kullanmışlardır. Tensör notasyonları ile bir Finsler uzayının metrik tensörünün bileşenleri, Riemann geometrisindeki metrik tensöre eşdeğer olarak $g_{ij}(x,y) = \frac{1}{2}\left[F^2\right]_{y^iy^j}(x,y)$ şeklinde tanımlanmıştır. Berwald $1926$ da bir Finsler manifoldu üzerinde Berwald konneksiyonu tanımını ve bazı Riemannian olmayan büyüklükleri vermiştir. Daha sonraki yıllarda Cartan ve Chern kendi konneksiyonlarını Finsler uzayı için tanımlamışlardır.

## 1.2 Minkowski Normları

Sonlu bir $V$ vektör uzayı üzerinde bir $F : V \to [0, \infty)$ fonksiyonu herhangi bir $y \in V$ için aşağıdaki koşulları sağlıyorsa bir Minkowski normudur:

(a) $F(y) \geq 0$ ve $F(y) = 0 \Leftrightarrow y = 0$,

(b) $\lambda > 0$ için $F(\lambda y) = \lambda F(y)$, $F$ birinci dereceden pozitif $y-$homojen

(c) $F$, $V\backslash\{0\}$ da $C^\infty$ sınıfındandır ve aşağıdaki gibi tanımlanan

$$g_y(u,v) = \frac{1}{2}\frac{\partial^2}{\partial s \partial t}\left[F^2(y + su + tv)\right]\Big|_{t=s=0} \tag{1.2.1}$$

$g_y : V \times V \to R$ bilineer simetrik fonksiyoneli bir iç çarpımdır [1].

Buna göre, $\{e_i\}, V$ vektör uzayının bir baz takımı ve $y = (y^i) \in V$ olmak üzere $y \neq 0$ olan vektörler için bir iç çarpım (1.2.1) den

$$g_{ij}(y) = g_y(e_i, e_j) = \frac{1}{2}\left[F^2\right]_{y^i y^j}(y), \quad i, j = 1, 2, \ldots, n \tag{1.2.2}$$

şeklindedir. Bu iç çarpım yardımıyla bir Minkowski normu

$$F(y) = \sqrt{g_{ij}(y) y^i y^j}, \quad y = y^i e_i \tag{1.2.3}$$

olarak tanımlanır. Bu tanıma göre, Riemann metriği

$$\alpha(y) = \sqrt{< y, y >} = \sqrt{a_{ij} y^i y^j}, \quad y = y^i e_i \in V, \; a_{ij} = \langle e_i, e_j \rangle$$

ve Öklid normu

$$|y| = \sqrt{< y, y >} = \sqrt{\sum_{i=1}^{n} (y^i)^2}, \quad (y^i) \in R^n, \; a_{ij} = \delta_{ij}$$

birer Minkowski normudur. Burada $a_{ij}, \alpha$ Riemann metriğinin metrik tensörü ve $\delta_{ij}$ Kronecker deltasıdır.

## 1.3 Finsler Metrikleri

$n-$boyutlu türetilebilir bir manifold üzerinde tanımlı bir Finsler metriği, teğet uzaylar üzerindeki Minkowski normlarından meydana gelir [1]. Buna göre finsler metriğinin tanımı aşağıdaki gibidir:

$n-$boyutlu türetilebilir bir $M$ manifoldu üzerinde $F : TM \to [0, \infty)$ ile tanımlı bir $F = F(x, y)$ fonksiyonu

(a) $F$, $TM \backslash \{0\}$ da $C^{\infty}$ sınıfından ve

(b) herhangi $x \in M$ için $F_x(y) = F(x, y)$, $T_xM$ üzerinde bir Minkowski normu

olma özelliklerini sağlıyorsa, $M$ üzerinde bir Finsler metriği tanımlar.

$F_n = F_n(M, F)$ çiftine Finsler manifoldu veya Finsler uzayı denir. Buna göre, $T_xM$ üzerinde bir iç çarpım

$$g_{ij}(x, y) = \frac{1}{2}\left[F^2\right]_{y^i y^j} \tag{1.3.1}$$

dir. Buradan bir $F$ Finsler metriği,

$$F = \sqrt{g_y(y, y)} = \sqrt{g_{ij}(x, y) y^i y^j} \tag{1.3.2}$$

iç çarpımı ile verilir[1].

Bir $F$ Finsler metriğinin, metrik tensörün bileşenleri eğer $g_{ij} = g_{ij}(x)$ şeklinde ise Riemannian metrik veya $g_{ij} = g_{ij}(y)$ şeklinde ise Minkowskian metriktir. $g_{ij}$ metrik tensörü indisleri kaldırmak ve indirmekte kullanılır.

Finsler geometrisindeki oldukça karışık işlemlerde, kolaylık sağladığı için homojen fonksiyonlara ait Euler teoremi kullanılır. Homojen fonksiyonlar için Euler teoremine göre, $\phi$, $R^n$ de reel değerli ve $\forall y \neq 0$ noktasında türevlenebilir bir fonksiyon olmak üzere,

- $\phi(\lambda y) = \lambda^r \phi(y), \quad \forall \lambda > 0,\ r$. dereceden pozitif homojenlik ve

- $y^i \phi_{y^i} = r\phi$;

durumları birbirine eşdeğerdir.

Euler teoreminden yararlanılarak, (1.3.1) den

$$\frac{1}{2}\left[F^2\right]_{y^i} = g_{ij}(x,y)y^j$$

ve

$$F^2 = g_{ij}(x,y)y^i y^j \tag{1.3.3}$$

yazılabilir [2].

## 1.4 $(\alpha,\beta)$-Metrikli Finsler Uzayları

$n-$boyutlu bir $M$ manifoldu üzerinde Riemannian ve Riemannian olmayan birçok Finsler metriği vardır [1, 2]. $(\alpha,\beta)-$metrikleri Riemannian olmayan metriklerin önemli bir sınıfını oluşturur. $(\alpha,\beta)-$metrikli Finsler uzayları aşağıdaki gibi tanımlanır:

$n-$boyutlu türetilebilir bir $M$ manifoldu üzerinde $\alpha = \alpha(x,y) = \sqrt{a_{ij}(x)y^i y^j}$, $a_{ij} = a_{ij}(x)$ bir Riemann metriği, $\beta = \beta(x,y) = b_i(x)y^i$ diferansiyel $1-$form ve $\phi = \phi(s)$, $(-b_0, b_0)$ aralığında $C^\infty$ sınıfından bir fonksiyon olmak üzere $TM$ üzerinde,

$$F = \alpha\phi(s), \; s = \frac{\beta}{\alpha} \tag{1.4.1}$$

şeklinde tanımlı bir fonksiyon olsun. Burada herhangi bir $x \in M$ için $\|\beta\|_\alpha(x) = \sqrt{a^{ij}b_i b_j} < b_0$, $a^{ij} = a^{ij}(x)$, $b_i = b_i(x)$ ve $b_0 = \sup_{x\in M}\|\beta\|_x$.

Eğer $\phi$ ve $b_0$,

$$\phi(s) > 0, \; |s| \leq b_0 \tag{1.4.2}$$

$$\phi(s) - s\phi'(s) + (b^2 - s^2)\phi''(s) > 0, \; |s| \leq b \leq b_0, \; b^2 = b^i b_i \tag{1.4.3}$$

eşitsizliklerini sağlıyorsa, (1.4.1) ile tanımlanan $F$ fonksiyonu $M$ manifoldu üzerinde bir Finsler metriği tanımlar[1] ve bu formdaki metriklere $(\alpha,\beta)-$metrikleri adı verilir.

(1.4.1) de $\phi(s) = 1{+}s$ alınırsa, G. Randers tarafından $1941$ de tanımlanan ve metrik fonksiyonu

$$F = \alpha + \beta \tag{1.4.4}$$

şeklinde olan Randers metrikleri, $(\alpha, \beta)-$metriklerinin özel bir sınıfını oluşturur. Eğer (1.4.1) de $\phi(s) = \dfrac{1}{s}$ alınırsa $(\alpha, \beta)-$metriklerinin diğer bir özel sınıfını oluşturan ve metrik fonksiyonu $F = \dfrac{\alpha^2}{\beta}$ olan Kropina metriği elde edilir [1, 3].

## 1.5 Finsler Metriklerinin Spreyleri

$TM_0 = TM \backslash \{0\}$ üzerinde her $F$ Finsler metriği, geodezikleri veren

$$G_{_F}(x, y) = y^i \frac{\partial}{\partial x^i} - 2G^i_{_F} \frac{\partial}{\partial y^i} \tag{1.5.1}$$

spreyini tanımlar. Bir Finsler uzayı üzerinde bir geodezik

$$\ddot{x}^i(t) + 2G^i_{_F}\left(x(t), \dot{x}(t)\right) = 0 \tag{1.5.2}$$

diferansiyel denklem sistemi ile verilir. Burada tanımlanan $G^i_{_F} = G^i_{_F}(x, y)$ katsayılarına $F$ Finsler metriğinin sprey katsayıları denir. Bir Finsler metriğinin sprey katsayıları

$$\begin{aligned} G^i_{_F} &= \frac{1}{4} g^{il}(x,y) \left( \frac{\partial g_{jl}}{\partial x^k}(x,y) + \frac{\partial g_{lk}}{\partial x^j}(x,y) - \frac{\partial g_{jk}}{\partial x^l}(x,y) \right) y^j y^k \\ &= \frac{1}{4} g^{il}(x,y) \left\{ [F^2]_{x^k y^l} y^k - [F^2]_{x^l} \right\} \end{aligned} \tag{1.5.3}$$

ile tanımlanan ikinci dereceden pozitif $y-$homojen fonksiyonlardır [1, 4, 5]. Buna göre,

$$G^i_{_F}(x, \lambda y) = \lambda^2 G^i_{_F}(x, y), \qquad \lambda > 0. \tag{1.5.4}$$

L. Berwald herhangi bir yerel koordinat sisteminde bir $F$ Finsler metriğinin (1.5.3) ile verilen sprey katsayılarının

$$G^i_{_F j} = \frac{\partial G^i_{_F}}{\partial y^j}, \quad G^i_{_F jk} = \frac{\partial G^i_{_F j}}{\partial y^k} \tag{1.5.5}$$

türevleri yardımıyla $B\Gamma(G^i_{_F jk}, G^i_{_F j}, 0)$ Berwald konneksiyonunu tanımlamıştır [5, 6]. Tanımdan kolayca görülebileceği gibi $G^i_{_F jk} = G^i_{_F jk}(x, y)$ alt indislerine göre simetriktir.

Bir $F$ Finsler metriğinin (1.5.2) ile verilen sprey katsayılarına bağlı geodeziklerinin denklemi

$$\ddot{x}^i \dot{x}^j - \ddot{x}^j \dot{x}^i + 2D^{ij}(x, \dot{x}) = 0, \quad i, j = 1, 2, \ldots, n \tag{1.5.6}$$

şeklinde de ifade edilebilir [5]. Burada

$$y = \dot{x} = \left(\frac{dx^i}{dt}\right)$$

ve

$$D^{ij}(x, y) = G^i_{_F} y^j - G^j_{_F} y^i, \quad i, j = 1, 2, \ldots, n \tag{1.5.7}$$

ile tanımlı olan $D^{ij}(x, y)$ fonksiyonları $y = (y^i)$ nin üçüncü dereceden pozitif homojen fonksiyonudur [7]. Her $x$ noktasındaki $y \in T_x M$ için bir $F$ Finsler metriğinin $G^i_{_F}$ sprey katsayıları

i) kuadratik,

ii) $\Gamma^i_{jk} = \Gamma^i_{jk}(x)$ ikinci cins Christoffel sembollerini göstermek üzere, $G^i_{_F}(x, y) = \frac{1}{2}\, \Gamma^i_{jk}\, y^j y^k$ ve

iii) $G^i_{_F jkl} = 0, \; G^i_{_F jkl} := \dfrac{\partial^3 G^i_{_F}}{\partial y^j \partial y^k \partial y^l}$

eşdeğer durumlardan birini sağlıyorsa, $F$ Finsler metriğine bir Berwald metriği adı verilir. Berwald metriğine sahip bir Finsler uzayına Berwald uzayı denir.

iii) halinde özel olarak $i = l$ alınarak elde edilen $G^i_{_F jki} = 0$ şartını sağlayan metriklere de zayıf Berwald metrikleri ve böyle bir metriğe sahip Finsler uzaylarına da zayıf Berwald uzayları adı verilir [8].

$F_n$ bir Riemann uzayı ise Riemann uzayının $F(x, y) = \alpha(x, y) = \sqrt{a_{mn} y^m y^n}$ metriğinin sprey katsayıları (1.5.3) de $g_{ij}$ yerine $a_{ij}$ alınarak

$$G^i_{_F}(x, y) = \frac{1}{4} a^{il} \left\{ F^2_{x^k y^l} y^k - F^2_{x^l} \right\}$$

$$
\begin{aligned}
&= \frac{1}{4}a^{il}\left\{\left(\frac{\partial a_{mn}}{\partial x^k}y^m y^n\right)_{y^l} y^k - \frac{\partial a_{mn}}{\partial x^l}y^m y^n\right\} \\
&= \frac{1}{4}a^{il}\left\{\frac{\partial a_{mn}}{\partial x^k}\left(\delta_l^m y^n + \delta_l^n y^m\right) - \frac{\partial a_{mn}}{\partial x^l}y^m y^n\right\} \\
&= \frac{1}{4}a^{il}\left\{\frac{\partial a_{ln}}{\partial x^m} + \frac{\partial a_{ml}}{\partial x^n} - \frac{\partial a_{mn}}{\partial x^l}\right\} y^m y^n \\
G_F^i(x,y) &= \frac{1}{2}\Gamma^i_{jk}(x)\, y^j y^k
\end{aligned}
\tag{1.5.8}
$$

şeklinde bulunur. Burada,

$$
\Gamma^i_{jk} = \frac{1}{2}a^{il}\left(\frac{\partial a_{jl}}{\partial x^k} + \frac{\partial a_{kl}}{\partial x^j}\frac{\partial a_{jk}}{\partial x^l}\right), \quad \Gamma^i_{jk} = \Gamma^i_{kj}. \tag{1.5.9}
$$

Buna göre Riemann ve Minkowski uzayları Berwald uzaylarının birer özel sınıfını oluşturur.

# 1.6 Riemannian Eğrilik ve Flag Eğrilik

Riemannian geometride Riemann eğrilik tensörü uzayın herhangi bir noktasındaki eğriliğini ölçebilen çok önemli bir büyüklüktür. İlk olarak, L.Berwald, Riemann eğrilik tensörünü Finsler metriklerine genişletmiştir [1, 4]. Bu genişleme, Finsler geometrisi için bir dönüm noktası olmuştur.

Riemann eğriliği teğet uzaylar üzerinde

$$
R_y = R^i_k \frac{\partial}{\partial x^i} \otimes dx^k\Big|_{x\in M} : T_xM \to T_xM \tag{1.6.1}
$$

şeklinde tanımlı lineer tasvirlerin bir ailesidir.

Riemann eğrilik tensörünün $R^i_k$ bileşenleri, bir $F$ Finsler metriğinin Berwald konneksiyonuna göre

$$
R^i_k = 2\frac{\partial G^i_F}{\partial x^k} - y^j\frac{\partial^2 G^i_F}{\partial x^j \partial y^k} + 2G^j_F\frac{\partial^2 G^i_F}{\partial y^j \partial y^k} - \frac{\partial G^i_F}{\partial y^j}\frac{\partial G^j_F}{\partial y^k} \tag{1.6.2}
$$

olarak ifade edilir ve bu bileşenler aşağıdaki eşitlikleri

$$
R^i_k y^k = 0 \tag{1.6.3}
$$

sağlar [9].

Bir $x \in M$ noktasının $T_xM$ uzayının $P$ teğet düzleminin $K = K(P, y)$ flag eğriliği

$$K(P,y) = \frac{g_y(R_y(u),u)}{g_y(y,y)g_y(u,u) - [g_y(y,u)]^2}, \quad u \in P$$

veya lokal koordinatlarda

$$K = \frac{R_{jk}(x,y)u^j u^k}{F^2 h_{jk}(x,y)u^j u^k} \tag{1.6.4}$$

olarak ifade edilir. Burada $h_{ij} = h_{ij}(x, y)$, bileşenleri $h_y(u, v) = h_{ij}u^i v^j$ açısal formunun

$$h_{ij} = g_{ij} - l_i l_j, \quad l_i = \frac{\partial F}{\partial y^i}, \; l^i = \frac{y^i}{F} \tag{1.6.5}$$

ile tanımlanan bileşenleridir [1].

$K$ flag eğriliği, $x \in M$, $y \in P \subset T_xM$ için $K(P, y) = K(x, y)$ ise skaler flag eğriliği, $K(P, y) = sbt.$ ise de sabit flag eğriliği adını alır. Şekil 1.1 de flag eğrilik gösterilmiştir.

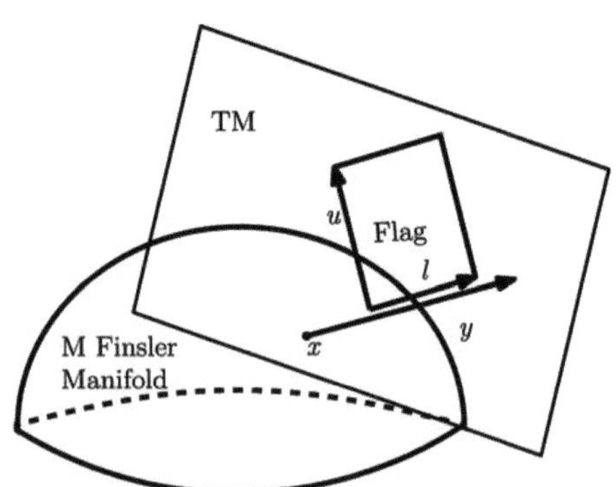


Şekil 1.1 – Flag Eğrilik

(1.6.2) eşitliklerine göre, Riemann eğrilik tensörü sadece Finsler metriğinin sprey katsayılarına bağlıdır.

(1.6.4) den, Riemann eğrilik tensörü ile skaler flag eğrilikli bir $F_n$ Finsler uzayının flag eğriliği arasındaki ilişki

$$R^i_k = KF^2 h^i_k \tag{1.6.6}$$

ile karakterize edilir [10, 11]. Eğer herhangi bir $y \in T_xM$ için $K(P,y) = K(P)$ ise flag eğrilik Riemannian geometrideki kesitsel eğriliğe indirgenmiş olur. Bu anlamda Finsler geometrisindeki $K(P,y)$ flag eğriliği Riemann geometrisindeki kesitsel eğriliğin genelleştirilmişidir(Şekil 1.2).

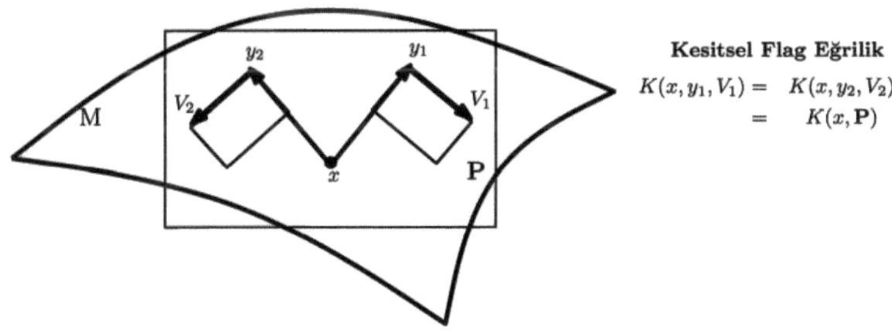


Şekil 1.2 – Kesitsel Flag Eğrilik

İki boyutta, $P = T_xM$ teğet düzlemi için $K(x,y)$ flag eğriliği, $TM_0 = TM\backslash\{0\}$ da Gauss eğriliğine indirgenmiş olur.

## 1.7 Projektif Düz Finsler Metrikleri

Hilbert'in dördüncü problemi, $R^n$ in açık bir alt kümesindeki herhangi iki noktayı birleştiren en kısa mesafenin düzgün doğrular olmasını sağlayan mesafe fonksiyonlarını karakterize etmektedir [12]. Mesafe fonksiyonu olarak, Finsler metriği alındığında, Hilbert'in dördüncü problemi düzgün halde, $R^n$ deki açık bir alt küme üzerinde geodezikleri düz doğrular olan Finsler metriklerini karakterize etme problemine indirgenmiş olur. Bu şekilde tanımlanan Finsler metriklerine projektif düz Finsler metrikleri adı verilir. Bu problem için genel Finsler metriklerini karakterize etmek oldukça zordur. Shen$(2003)$,

$F = \alpha + \beta$ Randers metriklerinin yerel projektif düz olması için gerek ve yeter koşulun $\alpha$ nın yerel projektif düz ve $\beta$ nın kapalı olması olduğunu belirlemiştir [10, 13].

Hamel$(1993)$, $R^n$ in açık bir alt kümesinde projektif düz Finsler metriğini karakterize etmek için basit bir PDE sistemi elde etmiştir. Hamel'e göre, $R^n$ in açık bir alt kümesinde bir $F$ Finsler metriğinin projektif düz olması için gerek ve yeter koşul $F$ metriğinin

$$F_{x^k y^l} y^k = F_{x^l} \tag{1.7.1}$$

kısmi türevli diferansiyel denklem sistemini sağlamasıdır [14]. Bu koşul altında (1.5.3) den projektif düz bir Finsler uzayının sprey katsayıları için,

$$\begin{aligned} G^i_{_F}(x,y) &= \frac{1}{4} g^{il} \left\{ \left[F^2\right]_{x^k y^l} y^k - \left[F^2\right]_{x^l} \right\} \\ &= \frac{1}{4} g^{il} \left\{ 2(F F_{x^k})_{y^l} y^k - 2F F_{x^l} \right\} \\ &= \frac{1}{2} g^{il} \left\{ (F_{y^l} F_{x^k} + F F_{x^k y^l}) y^k - F F_{x^l} \right\} \\ &= \frac{1}{2} g^{il} F_{y^l} F_{x^k} y^k \end{aligned} \tag{1.7.2}$$

elde edilir ve Euler teoremi yardımıyla bulunan

$$F_{y^j} = \frac{g_{ij} y^i}{F}$$

eşitliği (1.7.2) de yerine yazılarak, projektif düz bir Finsler uzayının sprey katsayıları

$$G^i_{_F} = \frac{F_{x^k} y^k}{2F} y^i$$

formunda elde edilir.

$$P = \frac{F_{x^k} y^k}{2F}$$

denirse, bir $M$ manifoldu üzerinde tanımlı $F$ Finsler metriğinin projektif düz olması için gerek ve yeter koşulun

$$G^i_{_F} = P y^i \tag{1.7.3}$$

olduğu görülür [10]. Burada $P = P(x,y)$ fonksiyonuna projektif çarpan adı verilir ve $P$ pozitif birinci dereceden $y-$homojen bir fonksiyondur.

## 1.8 Finsler Uzaylarının Projektif Dönüşümü

Bir $M$ manifoldu üzerinde tanımlı $\widetilde{F}_n$ ve $F_n$ Finsler uzayları, eğer $F_n$ uzayının herhangi bir geodeziği $\widetilde{F}_n$ uzayınında bir geodeziği ise(tersi de doğru), $\sigma : F \to \widetilde{F}$ metrik dönüşümüne projektif dönüşüm denir. Dönüşümün projektif olması için gerek ve yeter koşul $P$ projektif çarpanı yardımıyla uzayların sprey katsayıları arasında

$$G^i_{\widetilde{F}} = G^i_F + Py^i \tag{1.8.1}$$

ilişkisinin olmasıdır[4]. (1.8.1) deki eşitliğin iki tarafı $y^j$ ve $y^k$ ya göre türetilirse, iki uzayın Berwald konneksiyonunun katsayıları arasındaki

$$G^i_{\widetilde{F}jk} = G^i_{Fjk} + P_{jk}y^i + P_j\delta^i_k + P_k\delta^i_j, \quad P_j = \frac{\partial P}{\partial y^j} \tag{1.8.2}$$

ilişkisi elde edilir.

(1.8.1) ile tanımlanan projektif dönüşüm altında Finsler uzayının invaryant kalan $Q_0$, $Q_1$ ve $Q_2$ büyüklükleri, sırasıyla,

$$Q^h = G^h_F - \frac{1}{n+1}G_F y^h, \tag{1.8.3}$$

$$Q^h_i = G^h_{Fi} - \frac{1}{n+1}\left(G_{Fi}y^h + G_F\delta^h_i\right), \quad Q^h_i = \dot{\partial}_i Q^h, \tag{1.8.4}$$

$$Q^h_{ij} = G^h_{Fij} - \frac{1}{n+1}\left(G_{Fij}y^h + G_{Fi}\delta^h_j + G_{Fj}\delta^h_i\right), \quad Q^h_{ij} = \dot{\partial}_j\dot{\partial}_i Q^h \tag{1.8.5}$$

ile tanımlanmaktadır. Burada $G_F = \dot{\partial}_r G^r_F = G^r_{Fr}$, $G_{Fi} = G^r_{Fri}$, $G_{Fij} = G^r_{Frij}$ ve $\dot{\partial}_i = \frac{\partial}{\partial y^i}$. (1.8.1) dönüşümü altında, $\widetilde{F}_n$ Finsler uzayının $\widetilde{Q}_0$ invaryantının

$$\begin{aligned} \widetilde{Q}^h &= G^h_{\widetilde{F}} - \frac{1}{n+1}G_{\widetilde{F}}y^h \\ &= G^h_F + Py^h - \frac{1}{n+1}(\dot{\partial}_r G^r_F + P_{y^r}y^r + P\delta^r_r)y^h \\ &= Q^h + \Big(P - \frac{1}{n+1}P - \frac{n}{n+1}P\Big)y^h \\ \widetilde{Q}^h &= Q^h \end{aligned} \tag{1.8.6}$$

olduğu kolayca gösterilebilir ve benzer işlemler yapıldığında

$$\widetilde{Q}_i^h = Q_i^h \quad \text{ve} \quad \widetilde{Q}_{ij}^h = Q_{ij}^h$$

elde edilir. (1.8.1) dönüşümü altında invaryant kalan $Q^h, Q_i^h$ ve $Q_{ij}^h$ büyüklüklerine, sırasıyla, $Q_0, Q_1$ ve $Q_2$ invaryantları denir. $Q_1$ ve $Q_2$ invaryantlarının tanımından

$$Q_{kj}^i = Q_{jk}^i,\ Q_{ij}^i = Q_{ji}^i = 0 \text{ ve } Q_i^i = 0 \tag{1.8.7}$$

olduğu kolayca görülür [7].

(1.8.1) altında invaryant kalan diğer iki önemli büyüklük $W_k^i$ Weyl eğrilik tensörü ve $2$. bölümde ele alınacak olan $D_{jkl}^i$ Douglas eğrilik tensörüdür. Weyl eğrilik tensörü

$$W_k^i = R_k^i - R\delta_k^i - \frac{1}{n+1}\frac{\partial}{\partial y^m}(R_k^m - R\delta_k^m)y^i \tag{1.8.8}$$

ile tanımlanır[10, 13]. Burada

$$R = \frac{1}{n-1}R_m^m \tag{1.8.9}$$

ve $R_m^m$ Ricci eğriliği veya Ricci skaleridir.

Projektif dönüşüm altında, (1.6.2) ve (1.8.1) den

$$\widetilde{R}_k^i = R_k^i + (2P_{|k} - P_{k|0} - PP_k)y^i - (P_{|0} - P^2)\delta_k^i \tag{1.8.10}$$

elde edilir. Burada "|", $F_n$ Finsler uzayının Berwald konneksiyonuna göre kovaryant türevi göstermektedir ve $P_{|k} = \dfrac{\partial P}{\partial x^k} - G^r_{_F k}\dfrac{\partial P}{\partial y^r}$, $P_{|0} = P_{|k}y^k$. (1.8.10) da $i = k$ alınırsa,

$$\widetilde{R}_m^m = R_m^m + (n-1)(P^2 - P_{|0}) \tag{1.8.11}$$

elde edilir.

(1.8.10) ve (1.8.11) in (1.8.8) de yerine yazılmasıyla

$$\begin{aligned}\widetilde{W}_k^i =& \widetilde{R}_k^i - \widetilde{R}\delta_k^i - \frac{1}{n+1}\frac{\partial}{\partial y^m}(\widetilde{R}_k^m - \widetilde{R}\delta_k^m)y^i \\ =& R_k^i + (2P_{|k} - P_{k|0} - PP_k)y^i - (P_{|0} - P^2)\delta_k^i - R\delta_k^i - (P^2 - P_{|0})\delta_k^i\end{aligned}$$

$$
\begin{aligned}
& -\frac{1}{n+1}\left\{\frac{\partial R_k^m}{\partial y^m}+(2P_{|k\cdot m}-P_{k|0\cdot m}-P_mP_k-PP_{km})y^m+(2P_{|k}-P_{k|0}\right.\\
& \left.-PP_k)\delta_m^m-(P_{|0\cdot m}-2PP_m)\delta_k^m-\frac{\partial R}{\partial y^m}\delta_k^m-(2PP_m-P_{|0\cdot m})\delta_k^m\right\}y^i\\
& =W_k^i+(2P_{|k}-P_{k|0}-PP_k)y^i-\frac{1}{n+1}\left\{(n+1)(2P_{|k}-P_{k|0}-PP_k)\right\}y^i\\
\widetilde{W}_k^i & =W_k^i \qquad (1.8.12)
\end{aligned}
$$

Weyl eğrilik tensörünün projektij dönüşüm altında invaryant kaldığı kolayca görülür. Burada ".", $y^i$ ye göre kısmi türevi $(\bullet)_{\cdot i}=\dfrac{\partial(\bullet)}{\partial y^i}$ göstermektedir.

# Bölüm 2
# Kropina Metrikli Finsler Uzayları

S. Baćsó tarafından tanımlanan Douglas metrikleri Berwald metriklerinin daha genel bir sınıfını oluşturur. Bir Finsler metriğinin $G^i_{_F} = G^i_{_F}(x,y)$ sprey katsayıları

$$G^i_{_F} = \frac{1}{2}\Gamma^i_{jk}(x)\, y^j y^k + P(x,y)y^i$$

şeklinde ise metrik, Douglas metriği adını alır [15]. Douglas metrikli uzaylara da Douglas uzayı denir. Burada $P(x,y)$, $y$ nin birinci dereceden homojen fonksiyonudur.

Bu kısımda, bir geodezik boyunca Douglas eğriliğinin değişim oranının geodeziğe teğet kaldığı genelleştirilmiş Douglas metrikli Finsler uzayları tanımlanmıştır [16]. Böyle bir metriğe sahip Kropina uzayları incelenmiştir.

## 2.1 Douglas Metrikli Finsler Uzayları

Bir $F_n = F_n(M,F)$ Finsler uzayına ait $F$ Finsler metriğinin Douglas tensörü

$$D^h_{ijk} = G^h_{_Fijk} - \frac{1}{n+1}\left(y^h \frac{\partial G_{_Fij}}{\partial y^k} + \delta^h_i G_{_Fjk} + \delta^h_k G_{_Fij} + \delta^h_j G_{_Fki}\right) \tag{2.1.1}$$

ile tanımlanır[15, 17]. Burada

$$G^h_{_Fijk} = \frac{\partial G^h_{_Fij}}{\partial y^k}, \qquad G_{_Fij} = G^r_{_Fijr}. \tag{2.1.2}$$

Bir Douglas metriğine sahip bir Finsler uzayı için Douglas tensörü sıfırdır [15, 7].

(1.8.3) ve (1.8.5) dikkate alınırsa, Douglas tensörü

$$\begin{aligned} D^h_{ijk} &= \dot\partial_k Q^h_{ij} \\ &= \dot\partial_i \dot\partial_j \dot\partial_k Q^h \end{aligned} \tag{2.1.3}$$

şeklinde yazılabilir.

$Q^h_{ij}$ projektif dönüşüm altında invaryant olduğundan

$$\begin{aligned} D^h_{ijk} &= \dot{\partial}_k Q^h_{ij} \\ &= \dot{\partial}_k \widetilde{Q}^h_{ij} = \widetilde{D}^h_{ijk}. \end{aligned} \qquad (2.1.4)$$

Buna göre, Douglas tensörü projektif dönüşüm altında invaryanttır [7, 17]. Douglas tipli bir Finsler uzayı için

$$D^h_{ijk} = \dot{\partial}_k Q^h_{ij} = 0$$

olduğundan

$$Q^h_{ij} = Q^h_{ij}(x) \qquad (2.1.5)$$

$Q_2-$invaryantı yalnız $x$ in fonksiyonudur. Tersine olarak, $Q^h_{ij} = Q^h_{ij}(x)$ halinde $D^h_{ijk} = 0$ dır.

Ayrıca, (1.5.7) ile tanımlanan $D^{ij}$, $y$ nin üçüncü dereceden bir polinomu ise, $D^h_{ijk} = 0$ olacağı açıktır. Diğer taraftan, (1.7.3) ile verilen projektif düzlük koşulu (2.1.1) de yerine yazılır ve $P(x,y)$ nin birinci dereceden $y-$homojen olduğu dikkate alınırsa,

$$\begin{aligned} D^h_{ijk} &= \dot{\partial}_i \dot{\partial}_j \dot{\partial}_k (P y^h) - \frac{1}{n+1}\left[y^h (n+1) P_{ijk} + (n+1)\left(\delta^h_i P_{jk} + \delta^h_k P_{ij} + \delta^h_j P_{ki}\right)\right] \\ &= (P_{kji} y^h + P_{kj}\delta^h_i + P_{ki}\delta^h_j + P_{ji}\delta^h_k) - \left(y^h P_{ijk} + \delta^h_i P_{jk} + \delta^h_k P_{ij} + \delta^h_j P_{ki}\right) \\ &= 0 \end{aligned}$$

bulunur. O halde, projektif düz uzaylar Douglas uzaylarıdır. Buna göre, bir Finsler uzayının bir Douglas uzayı olması için aşağıdaki yardımcı teorem ispatsız olarak verilmiştir.

**Yardımcı Teorem 2.1.1.** *Aşağıdaki koşullardan herhangi birini sağlayan bir Finsler uzayı bir Douglas uzayıdır.*

*(1)* $Q^i_{jk} = Q^i_{jk}(x)$, $Q^i_{jk} = \dot{\partial}_j \dot{\partial}_k Q^i$, $Q^i = G^i_{_F} - \frac{1}{n+1} G_{_F}\, y^i$ ,

*(2)* $G^i_{_F}(x,y) = P(x,y)\, y^i$, *uzay projektif düz,*

*(3)* $D^{ij}(x,y) = G^i_{_F}(x,y)y^j - G^j_{_F}(x,y)y^i$, *üçüncü dereceden homojen polinom.*

Burada $(1)$ ve $(3)$ şartları bir Finsler uzayının Douglas olması için gerek ve yeter koşullardır. Fakat her Douglas uzayı projektif düz metrikli olmadığından $(2)$ şartı yeter koşul değildir.

$Q_1$ ve $Q_2$ nin (1.8.7) ile verilen özellikleri kullanılarak,

$$\begin{aligned} D^h_{ijk} &= \dot{\partial}_k Q^h_{ij} = \dot{\partial}_k Q^h_{ji} = D^h_{jik} \\ &= \dot{\partial}_k \dot{\partial}_i \dot{\partial}_j Q^h = \dot{\partial}_i Q^h_{jk} = D^h_{jki}, \end{aligned}$$

ve $h = i$ alındığında,

$$\begin{aligned} D^i_{ijk} &= \dot{\partial}_k Q^i_{ij} = \dot{\partial}_j Q^i_{ki} = 0, \\ D^i_{ijk} &= D^i_{jik} = D^i_{jki} = 0 \end{aligned}$$

olduğu görülür. Diğer taraftan, Douglas tensörü $-1$ inci dereceden $y-$ homojen bir fonksiyon olduğundan, homojen fonksiyonlar için Euler teoremi gereğince, $D^h_{ijk}$ Douglas tensörünün $y^i, y^j$ veya $y^k$ ile daraltılması sıfırdır. Buna göre, $D^h_{ijk}$ Douglas tensörü aşağıdaki koşulları sağlar:

i) $D^h_{ijk} = D^h_{jik} = D^h_{jki}$,

ii) $D^i_{ijk} = D^i_{jik} = D^i_{jki} = 0$,

iii) $D^h_{ijk} y^i = D^h_{ijk} y^j = D^h_{ijk} y^k = 0$

## 2.2 Genelleştirilmiş Douglas Metrikli Finsler Uzayları

Bir $F_n$ Finsler uzayına ait Douglas tensörü

$$h^p_i D^i_{jkl|m} y^m = 0, \quad \left(h^p_i = \delta^p_i - l^p l_i,\ l^p = \frac{y^p}{F},\ l_i = \frac{\partial F}{\partial y^i} = F_{y^i}\right) \tag{2.2.1}$$

denklemlerini sağlarsa, Finsler uzayına genelleştirilmiş Douglas uzayı denir. (2.2.1), geometrik olarak bir geodezik boyunca $D^i_{jkl}$ Douglas eğriliğinin değişim oranının geodeziğe teğet kaldığını göstermektedir [16]. Burada, $D^i_{jkl|m}$, $D^i_{jkl}$ Douglas tensörünün $F_n$ Finsler uzayının $B\Gamma(G^i_{{}_F jk}, G^i_{{}_F j}, 0)$ Berwald konneksiyonuna göre yatay kovaryant türevidir ve

$$D^i_{jkl|m} = \frac{\partial D^i_{jkl}}{\partial x^m} - G^p_{{}_F m}\frac{\partial D^i_{jkl}}{\partial y^p} + G^i_{{}_F pm}D^p_{jkl} - G^p_{{}_F jm}D^i_{pkl} - G^p_{{}_F km}D^i_{jpl} - G^p_{{}_F lm}D^i_{jkp} \tag{2.2.2}$$

şeklinde tanımlanır [16, 18].

Kolayca görüleceği gibi, her Douglas uzayı bir genelleştirilmiş Douglas uzayıdır ve Yardımcı Teorem 2.1.1 den dolayı aşağıdaki sonuçlar açıktır.

**Sonuç 2.2.1.** *Projektif düz Finsler uzayları genelleştirilmiş Douglas uzaylarıdır.*

**Sonuç 2.2.2.** *Berwald uzayları genelleştirilmiş Douglas uzaylarıdır.*

Bu çalışmada ele alınan temel problem, Douglas uzaylarından farklı olarak, Kropina metrikli Finsler uzaylarının genelleştirilmiş Douglas olmasını sağlayan gerek ve yeter koşulların elde edilmesidir.

### 2.2.1 Genelleştirilmiş Douglas Metrikli Kropina Uzayları

$(\alpha, \beta)-$metrikleri için (1.4.1) de $\phi(s) = \frac{1}{s}$, $s = \frac{\beta}{\alpha}$ alındığında

$$\begin{aligned} F &= \alpha\phi(s) \\ &= \frac{\alpha^2}{\beta} \end{aligned} \tag{2.2.3}$$

Kropina metriği elde edilir. Burada

$$\alpha = \alpha(x, y) = \sqrt{a_{ij}(x)y^i y^j}$$

Riemann metriği ve

$$\beta = \beta(x, y) = b_i(x)y^i$$

diferansiyel 1-formdur.

$\alpha$ Riemann metriğinin $G^i_{\alpha} = G^i_{\alpha}(x,y)$ sprey ve $\Gamma^i_{jk} = \Gamma^i_{jk}(x)$ Christoffel katsayıları, sırasıyla,

$$G^i_{\alpha}(x,y) = \frac{1}{2}\Gamma^i_{jk}y^j y^k, \quad \Gamma^i_{jk} = \frac{1}{2}a^{il}\left\{\frac{\partial a_{jl}}{\partial x^k} + \frac{\partial a_{kl}}{\partial x^j} - \frac{\partial a_{jk}}{\partial x^l}\right\} \tag{2.2.4}$$

dır [5]. Burada $a_{ij} = a_{ij}(x)$ ve $a^{ij} = a^{ij}(x)$, sırasıyla, Riemann metrik tensörünün kovaryant ve kontravaryant bileşenleridir. Bir $F = F(x,y)$ Finsler metriğinin sprey katsayılarını veren

$$G^i_{F} = \frac{1}{4}g^{il}\left\{\left[F^2\right]_{x^k y^l}y^k - \left[F^2\right]_{x^l}\right\}, \quad g^{il} = g^{il}(x,y) \tag{2.2.5}$$

ifadesinde $F = \alpha\phi(s)$ ve (2.2.4) kullanılırsa, bir $(\alpha,\ \beta)-$metriğinin $G^i_{F}$ sprey katsayıları ile $\alpha$ Riemann metriğinin $G^i_{\alpha}$ sprey katsayıları arasındaki ilişki,

$$\begin{aligned} G^i_{F} = & G^i_{\alpha} + \frac{\alpha\phi'}{\phi - s\phi'}s^i_0 + \frac{\phi\phi' - s(\phi\phi'' + \phi'\phi')}{2\phi[(\phi - s\phi') + (b^2 - s^2)\phi'']}\left(\frac{-2\alpha\phi'}{\phi - s\phi'}s_0 + r_{00}\right) \times \\ & \left(\frac{y^i}{\alpha} + \frac{\phi\phi''}{\phi\phi' - s(\phi\phi'' + \phi'\phi')}b^i\right) \end{aligned} \tag{2.2.6}$$

olarak elde edilir [1, 4]. Burada $b_{i;j}, b_i$ bileşenlerinin $\alpha$ Riemann metriğine göre kovaryant türevidir. $b_{i;j}$ nin simetrik ve anti-simetrik kısımları, sırasıyla,

$$r_{ij} = \frac{1}{2}\left(b_{i;j} + b_{j;i}\right), \quad s_{ij} = \frac{1}{2}\left(b_{i;j} - b_{j;i}\right)$$

olarak tanımlanır ve $r_{00} = r_{ij}y^i y^j$, $s^i_j = a^{ir}s_{rj}$, $s^i_0 = s^i_j y^j$, $s_j = s_{ij}b^i$, $s_0 = s_i y^i$, $b^2 = a^{ij}b_i b_j$ dir.

**Yardımcı Teorem 2.2.1.** *Bir Kropina metriğinin $G^i_{F}$ sprey katsayıları ile $\alpha$ Riemann metriğinin $G^i_{\alpha}$ sprey katsayıları arasındaki ilişki*

$$G^i_{F} = G^i_{\alpha} - \frac{\alpha^2}{2\beta}s^i_0 - \frac{\alpha^2 s_0 + \beta r_{00}}{\alpha^2 b^2}y^i + \frac{\alpha^2 s_0 + \beta r_{00}}{2\beta b^2}b^i \tag{2.2.7}$$

*şeklindedir.*

**İspat 2.2.1.** (2.2.3) ile tanımlanan $F$ Kropina metriği (2.2.6) de kullanılır ve gerekli hesaplar yapılırsa (2.2.7) bulunur. Böylece ispat tamamlanmış olur. □

(2.2.7) eşitliğinde

$$\begin{aligned} G^i_{\widetilde{F}} &= G^i_{\alpha} - \frac{\alpha^2\beta^{-1}}{2}s^i_0 + \frac{\alpha^2\beta^{-1}s_0 + r_{00}}{2b^2}b^i \\ &= G^i_{\alpha} + \Omega^i, \quad \left(\Omega^i = -\frac{\alpha^2\beta^{-1}}{2}s^i_0 + \frac{\alpha^2\beta^{-1}s_0 + r_{00}}{2b^2}b^i\right) \end{aligned} \tag{2.2.8}$$

denirse, $F_n$ Kropina ve yeni bir $\widetilde{F}_n$ Finsler uzayının sprey katsayıları arasında

$$G^i_{\widetilde{F}}(x,y) = G^i_{F}(x,y) + P(x,y)y^i \tag{2.2.9}$$

ilişkisi yazılabilir. (2.2.9) ilişkisi iki Finsler uzayının projektif ilişkili olduğunu gösterir [19, 20]. Burada $P(x,y)$ projektif çarpandır ve bu problem için

$$P(x,y) = \frac{1}{b^2}\left(s_0 + \beta\frac{r_{00}}{\alpha^2}\right) \tag{2.2.10}$$

dir.

"Genelleştirilmiş Douglas uzayları sınıfı projektif ilişkiler altında kapalıdır [18]" teoremi gereğince $\sigma : F \to \widetilde{F}$ projektif dönüşümü altında $F_n$ Finsler uzayının genelleştirilmiş Douglas uzayı olma koşulları ile $\widetilde{F}_n$ Finsler uzayının genelleştirilmiş Douglas uzayı olma koşulları eşdeğerdir.

Buna göre, $F_n$ Kropina uzayının genelleştirilmiş Douglas metrikli olma koşullarını elde etme problemi için, $\widetilde{F}_n$ nin genelleştirilmiş Douglas uzayı olma koşulunu elde etmek yeterli olacaktır. Buna göre, ele alınan problem, (2.1.4) ve (2.1.5) kullanılmasıyla,

$$\widetilde{h}^p_i \widetilde{D}^i_{jkl\|m}y^m = h^p_i D^i_{jkl|m}y^m = 0 \tag{2.2.11}$$

denklem sisteminin çözümünü elde etme problemine indirgenmiş olur. Burada $h^r_i = \delta^r_i - l^r l_i$, $l^r = \dfrac{y^r}{F}$, $l_i = \dot{\partial}_i F$, $y^i l_i = F$, $y^i \widetilde{l}_i = \widetilde{F}$ ve

$$h^p_i = \delta^p_i - l^p l_i$$

$$= \delta_i^p - \frac{y^p}{F}\frac{\partial F}{\partial y^i}$$

$$= \delta_i^p - \frac{y^p}{F}\left(\frac{\alpha^2}{\beta}\right)_{y^i}$$

$$= \delta_i^p - \frac{y^p}{F}\left(\frac{2y^i\beta - \alpha^2 b_i}{\beta^2}\right)$$

$$= \delta_i^p - 2\frac{y^p y_i}{\alpha^2} + \frac{1}{\beta}y^p b_i \qquad (2.2.12)$$

olup (2.2.11) de kullanılır ve gerekli tensörel hesaplar yapılırsa, $F_n$ Kropina uzayının genelleştirilmiş Douglas metrikli olma koşulu,

$$\left(\delta_i^p - 2\frac{y^p y_i}{\alpha^2} + \frac{1}{\beta}y^p b_i\right)\widetilde{D}^i_{jkl\|m}y^m = 0$$

veya

$$\widetilde{D}^p_{jkl\|m}y^m - \frac{2y^p y_i}{\alpha^2}\widetilde{D}^i_{jkl\|m}y^m + \beta^{-1}y^p b_i \widetilde{D}^i_{jkl\|m}y^m = 0 \qquad (2.2.13)$$

şeklini alır. Burada, $\widetilde{D}^i_{jkl}$ Douglas tensörünün $\widetilde{F}_n$ Finsler uzayının $B\Gamma = (G^i_{\widetilde{F}jk}, G^i_{\widetilde{F}j}, 0)$ Berwald konneksiyonuna göre yatay kovaryant türevi

$$\widetilde{D}^i_{jkl\|m} = \frac{\partial \widetilde{D}^i_{jkl}}{\partial x^m} - G^p_{\widetilde{F}m}\frac{\partial \widetilde{D}^i_{jkl}}{\partial y^p} + G^i_{\widetilde{F}pm}\widetilde{D}^p_{jkl} - G^p_{\widetilde{F}jm}\widetilde{D}^i_{pkl} - G^p_{\widetilde{F}km}\widetilde{D}^i_{jpl} - G^p_{\widetilde{F}lm}\widetilde{D}^i_{jkp} \qquad (2.2.14)$$

şeklindedir. (2.2.14) de

$$G^i_{\widetilde{F}j} = G^i_{\alpha j} + \Omega^i_j, \quad \Omega^i_j = \frac{\partial \Omega^i}{\partial y^j}$$

ve

$$G^i_{\widetilde{F}jk} = G^i_{\alpha jk} + \Omega^i_{jk}, \quad \Omega^i_{jk} = \frac{\partial \Omega^i_j}{\partial y^k}$$

yazılır ve (2.2.14) nin her iki tarafı $y^m$ ile daraltılırsa

$$\widetilde{D}^i_{jkl\|m}y^m = \frac{\partial \widetilde{D}^i_{jkl}}{\partial x^m}y^m - 2(G^p_{\alpha} + \Omega^p)\frac{\partial \widetilde{D}^i_{jkl}}{\partial y^p} + (G^i_{\alpha p} + \Omega^i_p)\widetilde{D}^p_{jkl} - (G^p_{\alpha j} + \Omega^p_j)\widetilde{D}^i_{pkl}$$
$$- (G^p_{\alpha k} + \Omega^p_k)\widetilde{D}^i_{jpl} - (G^p_{\alpha l} + \Omega^p_l)\widetilde{D}^i_{jkp}$$

$$=\widetilde{D}^i_{jkl;m}y^m-2\Omega^p\frac{\partial\widetilde{D}^i_{jkl}}{\partial y^p}+\Omega^i_p\widetilde{D}^p_{jkl}-\Omega^p_j\widetilde{D}^i_{pkl}-\Omega^p_k\widetilde{D}^i_{jpl}-\Omega^p_l\widetilde{D}^i_{jkp} \tag{2.2.15}$$

elde edilir. Burada, $\widetilde{D}^i_{jkl}$ Douglas tensörü ve bu tensörün $\alpha$ Riemann metriğine göre kovaryant türevini gösteren $\widetilde{D}^i_{jkl;m}$, sırasıyla,

$$\begin{aligned}
\widetilde{D}^i_{jkl} &= \frac{\partial^3\widetilde{Q}^i}{\partial y^j\partial y^k\partial y^l}\\
&= \frac{\partial^3}{\partial y^j\partial y^k\partial y^l}\Big[G^i_{\widetilde{F}}-\frac{1}{n+1}G_{\widetilde{F}}y^i\Big]\\
&= \frac{\partial^3}{\partial y^j\partial y^k\partial y^l}\Big[G^i_{\alpha}+\Omega^i-\frac{1}{n+1}\Big(G^m_{\alpha m}+\Omega^m_m\Big)y^i\Big]\\
&= \frac{\partial^3}{\partial y^j\partial y^k\partial y^l}\Big[\Big(G^i_{\alpha}-\frac{1}{n+1}G^m_{\alpha m}\Big)-\frac{\alpha^2\beta^{-1}}{2}s^i_0+\frac{\alpha^2\beta^{-1}s_0+r_{00}}{2b^2}b^i\\
&\quad -\frac{1}{n+1}\frac{s_0+r_0}{b^2}y^i\Big]\\
&= \frac{\partial^3}{\partial y^j\partial y^k\partial y^l}\Big[Q^i_{\alpha}-\frac{\alpha^2\beta^{-1}}{2}s^i_0+\frac{\alpha^2\beta^{-1}s_0+r_{00}}{2b^2}b^i-\frac{1}{n+1}\frac{s_0+r_0}{b^2}y^i\Big]
\end{aligned} \tag{2.2.16}$$

ve $a_{ij;m}=0,\ \alpha_{;m}=0$ olduğu gözönüne alınarak

$$\widetilde{D}^i_{jkl;m}=\frac{\partial\widetilde{D}^i_{jkl}}{\partial x^m}-G^p_{\alpha m}\frac{\partial\widetilde{D}^i_{jkl}}{\partial y^p}+G^i_{\alpha mp}\widetilde{D}^p_{jkl}-G^p_{\alpha mj}\widetilde{D}^i_{pkl}-G^p_{\alpha mk}\widetilde{D}^i_{jpl}-G^p_{\alpha ml}\widetilde{D}^i_{jkp} \tag{2.2.17}$$

şeklindedir.

(2.2.16) deki $Q^i_{\alpha}$ Riemannian terimi ile $\frac{r_{00}}{b^2}b^i$ ve $-\frac{1}{n+1}\frac{s_0+r_0}{b^2}y^i$ terimleri $y$ nin kuadratik fonksiyonları olduğundan, $y$ ye göre üçüncü türevleri sıfırdır. Buna göre, $\widetilde{F}_n$ Finsler uzayının (ve $F_n$ Kropina uzayının) Douglas tensörü

$$\begin{aligned}
\widetilde{D}^i_{jkl} &= \frac{\partial^3}{\partial y^j\partial y^k\partial y^l}\left[F\left(\frac{s_0b^i-b^2s^i_0}{2b^2}\right)\right]\\
&= \frac{\partial^3}{\partial y^j\partial y^k\partial y^l}\left[FA^i_0\right]
\end{aligned}$$

$$
\begin{aligned}
&= A^i_m \frac{\partial^3 (F y^m)}{\partial y^j \partial y^k \partial y^l} \\
&= A^i_m (y^m F_{jkl} + F_{jk}\delta^m_l + F_{jl}\delta^m_k + F_{kl}\delta^m_j)
\end{aligned}
\qquad (2.2.18)
$$

şekline indirgenmiş olur. Burada,

$$
\begin{aligned}
A^i_m(x) &= \frac{s_m b^i - b^2 s^i_m}{2b^2}, \; A^i_0 = A^i_m y^m = \frac{s_0 b^i - b^2 s^i_0}{2b^2}, \\
F_{jk} &= 2\beta^{-2}\left\{a_{jk}\beta + \alpha^2\beta^{-1} b_k b_j - (y_j b_k + y_k b_j)\right\}
\end{aligned}
\qquad (2.2.19)
$$

ve

$$
\begin{aligned}
F_{jkl} = &-2\beta^{-3}\left\{(a_{jk} b_l + a_{lj} b_k + a_{kl} b_j)\beta + 3\alpha^2\beta^{-1} b_j b_k b_l \right. \\
&\left. -2(y_j b_k b_l + y_l b_j b_k + y_k b_l b_j)\right\}.
\end{aligned}
$$

Böylece (2.2.13) da (2.2.16), (2.2.17), (2.2.18) ve (2.2.19) in kullanılmasıyla,

$$
\begin{aligned}
&6b^2 b_j b_k b_l \Big\{ s_0 s^p + s^r_0 (b^2 s^p_r - s_r b^p) \Big\} \alpha^6 + \Big\{ b^2 b^p \big[ s_j s_{lk} - s_k s_{lj} \big] \beta^3 + \big[ 2b_k b_l (-b^4 s^p_{j;0} + b^2 s_j r^p_0 - \\
&b^2 r_{j0} s^p - b^2 b^p r_{r0} s^r_j - b^p s_j s_0 - b^p s_j r_0 + b^2 b^p s_{j;0}) + 2b_j b_k (-b^4 s^p_{l;0} + b^2 s_l r^p_0 - b^2 r_{l0} s^p - \\
&b^2 b^p r_{r0} s^r_l - b^p s_l s_0 - b^p s_l r_0 + b^2 b^p s_{l;0}) + 2b_j b_l (-b^4 s^p_{k;0} + b^2 s_k r^p_0 - b^2 r_{k0} s^p - b^2 b^p r_{r0} s^r_k - \\
&b^p s_k s_0 - b^p s_k r_0 + b^2 b^p s_{k;0}) + 2b^2 (b_j a_{lk} + b_l a_{jk} + b_k a_{jl})(s_0 s^p - s^r_0 s_r b^p + b^2 s^r_0 s^p_r) - \\
&b^2 b^p b_l (s_j s_{k0} - s_k s_{j0}) \big] \beta^2 + \big[ 2b^2 b_j b_k (b^2 y^p s^r_l s_{r0} - y^p s_l s_0 - 3b^2 s^r_0 s^p_r y_l + 3b^p s^r_0 s_r y_l - \\
&3s^p s_0 y_l) + 2b^2 b_j b_l (b^2 y^p s^r_k s_{r0} - y^p s_k s_0 - 3b^2 s^r_0 s^p_r y_k + 3b^p s^r_0 s_r y_k - 3s^p s_0 y_k) + 2b^2 b_k b_l \\
&(b^2 y^p s^r_j s_{r0} - y^p s_j s_0 - 3b^2 s^r_0 s^p_r y_j + 3b^p s^r_0 s_r y_j - 3s^p s_0 y_j) + 6b_j b_k b_l (b^2 r_{00} s^p - b^2 b^p s_{0;0} + \\
&b^4 s^p_{0;0} + b^p s_0 r_0 - b^2 r^p_0 s_0 + b^p s^2_0 + 2b^2 y^p s^r_0 s_r + b^2 b^p s^r_0 r_{r0}) \big] \beta + 6b^2 y^p b_j b_k b_l (b^2 s_{r0} s^r_0 - \\
&s^2_0) \Big\} \alpha^4 + \Big\{ \big[ 2b^2 \big( (2y^p b_j b_l + b^p y_j b_l + b^p y_l b_j) s^r_k + (2y^p b_j b_k + b^p y_j b_k + b^p y_k b_j) s^r_l + \\
&(2y^p b_k b_l + b^p y_k b_l + b^p y_l b_k) s^r_j \big) r_{r0} + 2b^2 (y_j b_l + y_l b_j) s^p r_{k0} + 2b^2 s^p (y_k b_l + y_l b_k) r_{j0} + \\
&2b^2 s^p (y_j b_k + y_k b_j) r_{l0} + 2b^2 (y_k a_{jl} + y_j a_{lk} + y_l a_{jk})(b^p s^r_0 s_r - b^2 s^r_0 s^p_r) + 2y^p b^2 (-s_l b_j - \\
&2s_j b_l + b^2 s_{lj}) s_{k0} + 2y^p b^2 s_j b_k s_{l0} + 2y^p b^2 (s_l b_k + s_k b_l - b^2 s_{lk}) s_{j0} + 2b^4 \big( (y_k b_j + y_j b_k) s^p_{l;0} + \\
&(y_l b_j + y_j b_l) s^p_{k;0} + (y_l b_k + y_k b_l) s^p_{j;0} \big) - 2b^2 \big( 2y^p b_j b_l + b^p (y_l b_j + y_j b_l) \big) s_{k;0} - 2b^2 \big( 2y^p b_j b_k + \\
&b^p (y_j b_k + y_k b_j) \big) s_{l;0} - 2b^2 \big( 2y^p b_l b_k + b^p (y_k b_l + y_l b_k) \big) s_{j;0} + 2(b_j a_{lk} + b_k a_{jl} + b_l a_{jk})(b^4 s^p_{0;0} + \\
&b^2 s^p r_{00} + 2b^2 y^p s^r_0 s_r - b^2 b^p s_{0;0} + b^p s^2_0 + b^2 b^p s^r_0 r_{r0} - b^2 r^p_0 s_0 + b^p r_0 s_0) + 2b^p s_0 \big( s_j (y_l b_k + \\
&y_k b_l) + s_l (y_k b_j + y_j b_k) + s_k (y_l b_j + y_j b_l) \big) - 2b^2 s^p s_0 (y_l a_{jk} + y_j a_{lk} + y_k a_{jl}) + 4y^p (s_0 + \\
&r_0)(s_k b_j b_l + s_l b_j b_k + s_j b_l b_k) - 2y^p b^2 s_0 (s_j a_{lk} + s_l a_{jk} + s_k a_{jl}) + 2y^p b^4 (a_{lk} s^r_j + a_{jl} s^r_k +
\end{aligned}
$$

$a_{jk}s^r_l)s_{r0}-2(b^2r^p_0-b^pr_0)\big(s_l(y_kb_j+y_jb_k)+s_j(y_kb_l+y_lb_k)+s_k(y_jb_l+y_lb_j)\big)\big]\beta^3+\big[-4y^pb^2r_{00}(s_jb_lb_k+s_kb_jb_l+s_lb_jb_k)-4y^pb^4(s_{j0;0}b_lb_k+s_{k0;0}b_jb_l+s_{l0;0}b_jb_k)+2y^pb^2(b_ka_{jl}+b_ja_{lk}+a_{jk}b_l)(b^2s^r_0s_{r0}-s^2_0)+2y^pb^2s_0(s_ly_kb_j+s_ky_jb_l+s_jy_lb_k+s_jy_kb_l+s_ky_lb_j+s_ly_jb_k)+4y^pb^2s_0(r_{j0}b_lb_k+r_{l0}b_jb_k+r_{k0}b_jb_l)-6y^pb^2s_0(s_{l0}b_jb_k+s_{j0}b_lb_k-2s_{k0}b_jb_l)-2y^pb^4\big((y_jb_k+y_kb_j)s^r_l+(y_lb_j+y_jb_l)s^r_k+(y_lb_k+y_kb_l)s^r_j\big)s_{r0}+4b^2(b^2s^r_0s^p_r-b^ps^r_0s_r+s^ps_0)(y_ly_kb_j+y_ky_jb_l+y_ly_jb_k)-4(b^4s^p_{0;0}+b^ps_0r_0+b^2b^ps^r_0r_{r0}+b^ps^2_0-b^2s_0r^p_0-b^2s_{0;0}b^p+3y^pb^2s^r_0s_r+s^pb^2r_{00})(y_lb_jb_k+y_kb_jb_l+y_jb_kb_l)-12y^pb_jb_kb_l(r_0s_0+s^2_0+b^2s^r_0r_{r0}-b^2s_{0;0})\big]\beta^2+\big[-8b^2y^p(y_kb_jb_l+y_jb_kb_l+y_lb_jb_k)(b^2s^r_0s_{r0}-s^2_0)\big]\beta\Big\}\alpha^2+4y^p\big[b^2r_{r0}(s^r_ka_{jl}+s^r_la_{jk}+s^r_ja_{lk})+r_0(s_ja_{lk}+s_la_{jk}+s_ka_{jl})-b^2(s_{j;0}a_{lk}+s_{k;0}a_{jl}+s_{l;0}a_{jk})+s_0(s_ka_{jl}+s_ja_{lk}+s_la_{jk})\big]\beta^5+4y^p\big[b^2(s_{j;0}y_kb_l+s_{l;0}y_jb_k+s_{k;0}y_lb_j)+b^2b_k(r_{l0}s_{j0}+r_{j0}s_{l0})-b^2s^r_0s_r(y_la_{jk}+y_ja_{lk}+y_ka_{jl})+s_0b^2(r_{k0}a_{jl}+r_{j0}a_{lk}+r_{l0}a_{jk})-b^2r_{00}(s_la_{jk}+s_ka_{jl}+s_ja_{lk})-(y_kb_l+y_lb_k)(s_0s_j+b^2s^r_jr_{r0})-(y_jb_k+y_kb_j)(s_ls_0+b^2s^r_lr_{r0})-(y_lb_j+y_jb_l)(s_ks_0+b^2s^r_kr_{r0})-(b_ja_{lk}+b_ka_{jl}+a_{jk}b_l)\big(b^2s^r_0r_{r0}+b^2s_{0;0}+s_0r_0+s^2_0\big)-(r_{j0}b_l+r_{l0}b_j)b^2s_{k0}+b^2(s_{j;0}y_lb_k+s_{l;0}y_kb_j+s_{k;0}y_jb_l)-b^4(s_{k0;0}a_{jl}+s_{l0;0}a_{jk}+s_{j0;0}a_{lk})-r_0(s_ly_jb_k+s_jy_kb_l+s_ly_kb_j+s_jy_lb_k+s_ky_jb_l+s_ky_lb_j)\big]\beta^4+4y^p\big[b^2(y_jb_l+y_lb_j)(b^2s_{k0;0}+s_kr_{00}-s_0r_{k0}-s_0s_{k0})-r_{00}b^2(s_{j0}b_kb_l-2s_{k0}b_jb_l+s_{l0}b_jb_k)+b^2(y_jb_k+y_kb_j)(b^2s_{l0;0}-s_0r_{l0}+s_lr_{00})+b^2(y_lb_k+y_kb_l)(b^2s_{j0;0}-s_0r_{j0}+s_jr_{00})+b^2s_0(s_{l0}y_jb_k+s_{j0}y_lb_k)+b^2(y_la_{jk}+y_ja_{lk}+y_ka_{jl})(s^2_0-b^2s^r_0s_{r0})+2b^2s^r_0s_r(y_jy_lb_k+y_ky_jb_l+y_ly_kb_j)+2(b^2s^r_0r_{r0}-b^2s_{0;0}+s_0r_0+s^2_0)(y_kb_jb_l+y_jb_kb_l+y_lb_jb_k)\big]\beta^3-\big[8b^2y^p(y_ky_jb_l+y_jy_lb_k+y_ky_lb_j)(b^2s^r_0s_{r0}-s^2_0)\big]\beta^2=0$

veya kapalı formda

$$\alpha^6[E_1]+\alpha^4[\beta^3B_0+\beta^2C_1+\beta D_2+E_3]+\alpha^2[\beta^4B_1+\beta^3B_2+\beta^2C_3+\beta D_4]$$
$$+[\beta^5A_2+\beta^4B_3+\beta^3B_4+\beta^2C_5]=0$$

polinom denklemleri elde edilir. Bu denklemler $\beta$ ya göre düzenlenirse

$$\beta^5A_2+\beta^4(\alpha^2B_1+B_3)+\beta^3(\alpha^4B_0+\alpha^2B_2+B_4)+\beta^2(\alpha^4C_1+\alpha^2C_3+C_5)$$
$$+\beta(\alpha^4D_2+\alpha^2D_4)+\alpha^6E_1+\alpha^4E_3=0 \qquad (2.2.20)$$

şeklini alır. Burada

$A_2=4y^p\Big[b^2r_{r0}(s^r_ka_{jl}+s^r_la_{jk}+s^r_ja_{lk})+r_0(s_ja_{lk}+s_la_{jk}+s_ka_{jl})-b^2(s_{j;0}a_{lk}+s_{k;0}a_{jl}+s_{l;0}a_{jk})+s_0(s_ka_{jl}+s_ja_{lk}+s_la_{jk})\Big],$

$B_1 = 2a_{jk}(-b^4 s^p_{l;0} - b^2 b^p r_{r0} s^r_l - b^2 s^p r_{l0} + b^2 b^p s_{l;0} + b^2 s_l r^p_0 - b^p s_l s_0 - b^p s_l r_0) + 2a_{lk}(-b^4 s^p_{j;0} - b^2 b^p r_{r0} s^r_j - b^2 s^p r_{j0} + b^2 b^p s_{j;0} + b^2 s_j r^p_0 - b^p s_j s_0 - b^p s_j r_0) + 2a_{jl}(-b^4 s^p_{k;0} - b^2 b^p r_{r0} s^r_k - b^2 s^p r_{k0} + b^2 b^p s_{k;0} + b^2 s_k r^p_0 - b^p s_k s_0 - b^p s_k r_0) + 2b^2 y^p (s_k s_{lj} - s_j s_{lk}),$

$B_3 = 4y^p \Big[ b^2(s_{j;0} y_k b_l + s_{l;0} y_j b_k + s_{k;0} y_l b_j) + b^2 b_k (r_{l0} s_{j0} + r_{j0} s_{l0}) - b^2 s^r_0 s_r (y_l a_{jk} + y_j a_{lk} + y_k a_{jl}) + s_0 b^2 (r_{k0} a_{jl} + r_{j0} a_{lk} + r_{l0} a_{jk}) - b^2 r_{00} (s_l a_{jk} + s_k a_{jl} + s_j a_{lk}) - (y_k b_l + y_l b_k)(s_0 s_j + b^2 s^r_j r_{r0}) - (y_j b_k + y_k b_j)(s_l s_0 + b^2 s^r_l r_{r0}) - (y_l b_j + y_j b_l)(s_k s_0 + b^2 s^r_k r_{r0}) - (b_j a_{lk} + b_k a_{jl} + a_{jk} b_l)\Big(b^2 s^r_0 r_{r0} + b^2 s_{0;0} + s_0 r_0 + s^2_0\Big) - (r_{j0} b_l + r_{l0} b_j) b^2 s_{k0} + b^2 (s_{j;0} y_l b_k + s_{l;0} y_k b_j + s_{k;0} y_j b_l) - b^4 (s_{k0;0} a_{jl} + s_{l0;0} a_{jk} + s_{j0;0} a_{lk}) - r_0 (s_l y_j b_k + s_j y_k b_l + s_l y_k b_j + s_j y_l b_k + s_k y_j b_l + s_k y_l b_j) \Big],$

$B_2 = 2b^2 \Big[ (2y^p b_j b_l + b^p y_j b_l + b^p y_l b_j) s^r_k + (2y^p b_j b_k + b^p y_j b_k + b^p y_k b_j) s^r_l + (2y^p b_k b_l + b^p y_k b_l + b^p y_l b_k) s^r_j \Big] r_{r0} + 2b^2 (y_j b_l + y_l b_j) s^p r_{k0} + 2b^2 s^p (y_k b_l + y_l b_k) r_{j0} + 2b^2 s^p (y_j b_k + y_k b_j) r_{l0} + 2b^2 (y_k a_{jl} + y_j a_{lk} + y_l a_{jk})(b^p s^r_0 s_r - b^2 s^r_0 s^p_r) + 2y^p b^2 (-s_l b_j - 2 s_j b_l + b^2 s_{lj}) s_{k0} + 2y^p b^2 s_j b_k s_{l0} + 2y^p b^2 (s_l b_k + s_k b_l - b^2 s_{lk}) s_{j0} + 2b^4 \Big[ (y_k b_j + y_j b_k) s^p_{l;0} + (y_l b_j + y_j b_l) s^p_{k;0} + (y_l b_k + y_k b_l) s^p_{j;0} \Big] - 2b^2 \Big[ 2y^p b_j b_l + b^p (y_l b_j + y_j b_l) \Big] s_{k;0} - 2b^2 \Big[ 2y^p b_j b_k + b^p (y_j b_k + y_k b_j) \Big] s_{l;0} - 2b^2 \Big[ 2y^p b_l b_k + b^p (y_k b_l + y_l b_k) \Big] s_{j;0} + 2(b_j a_{lk} + b_k a_{jl} + b_l a_{jk})(b^4 s^p_{0;0} + b^2 s^p r_{00} + 2b^2 y^p s^r_0 s_r - b^2 b^p s_{0;0} + b^p s^2_0 + b^2 b^p s^r_0 r_{r0} - b^2 r^p_0 s_0 + b^p r_0 s_0) + 2b^p s_0 (s_j (y_l b_k + y_k b_l) + s_l (y_k b_j + y_j b_k) + s_k (y_l b_j + y_j b_l)) - 2b^2 s^p s_0 (y_l a_{jk} + y_j a_{lk} + y_k a_{jl}) + 4y^p (s_0 + r_0)(s_k b_j b_l + s_l b_j b_k + s_j b_l b_k) - 2y^p b^2 s_0 (s_j a_{lk} + s_l a_{jk} + s_k a_{jl}) + 2y^p b^4 (a_{lk} s^r_j + a_{jl} s^r_k + a_{jk} s^r_l) s_{r0} - 2(b^2 r^p_0 - b^p r_0) \Big[ s_l (y_k b_j + y_j b_k) + s_j (y_k b_l + y_l b_k) + s_k (y_j b_l + y_l b_j) \Big],$

$B_4 = 4y^p \Big[ b^2 (y_j b_l + y_l b_j)(b^2 s_{k0;0} + s_k r_{00} - s_0 r_{k0} - s_0 s_{k0}) - r_{00} b^2 (s_{j0} b_k b_l - 2 s_{k0} b_j b_l + s_{l0} b_j b_k) + b^2 (y_j b_k + y_k b_j)(b^2 s_{l0;0} - s_0 r_{l0} + s_l r_{00}) + b^2 (y_l b_k + y_k b_l)(b^2 s_{j0;0} - s_0 r_{j0} + s_j r_{00}) + b^2 s_0 (s_{l0} y_j b_k + s_{j0} y_l b_k) + b^2 (y_l a_{jk} + y_j a_{lk} + y_k a_{jl})(s^2_0 - b^2 s^r_0 s_{r0}) + 2b^2 s^r_0 s_r (y_j y_l b_k + y_k y_j b_l + y_l y_k b_j) + 2(b^2 s^r_0 r_{r0} - b^2 s_{0;0} + s_0 r_0 + s^2_0)(y_k b_j b_l + y_j b_k b_l + y_l b_j b_k) \Big],$

$B_0 = -b^2 b^p (s_k s_{lj} - s_j s_{lk}),$

$C_1 = +2b_k b_l (-b^4 s^p_{j;0} + b^2 s_j r^p_0 - b^2 r_{j0} s^p - b^2 b^p r_{r0} s^r_j - b^p s_j s_0 - b^p s_j r_0 + b^2 b^p s_{j;0}) + 2b_j b_k (-b^4 s^p_{l;0} + b^2 s_l r^p_0 - b^2 r_{l0} s^p - b^2 b^p r_{r0} s^r_l - b^p s_l s_0 - b^p s_l r_0 + b^2 b^p s_{l;0}) + 2b_j b_l ( - b^4 s^p_{k;0} + b^2 s_k r^p_0 - b^2 r_{k0} s^p - b^2 b^p r_{r0} s^r_k - b^p s_k s_0 - b^p s_k r_0 + b^2 b^p s_{k;0}) + 2b^2 (b_j a_{lk} + b_l a_{jk} + b_k a_{jl})(s_0 s^p - s^r_0 s_r b^p + b^2 s^r_0 s^p_r) - b^2 b^p b_l (s_j s_{k0} - s_k s_{j0}),$

$C_3 = -4y^p b^2 r_{00} (s_j b_l b_k + s_k b_j b_l + s_l b_j b_k) - 4y^p b^4 (s_{j0;0} b_l b_k + s_{k0;0} b_j b_l + s_{l0;0} b_j b_k) + 2y^p b^2 (b_k a_{jl} + b_j a_{lk} + a_{jk} b_l)(b^2 s^r_0 s_{r0} - s^2_0) + 2y^p b^2 s_0 (s_l y_k b_j + s_k y_j b_l + s_j y_l b_k + s_j y_k b_l +$

$s_ky_lb_j + s_ly_jb_k) + 4y^pb^2s_0(r_{j0}b_lb_k + r_{l0}b_jb_k + r_{k0}b_jb_l) - 6y^pb^2s_0(s_{l0}b_jb_k + s_{j0}b_lb_k - 2s_{k0}b_jb_l) - 2y^pb^4\Big[(y_jb_k + y_kb_j)s^r_l + (y_lb_j + y_jb_l)s^r_k + (y_lb_k + y_kb_l)s^r_j\Big]s_{r0} + 4b^2(b^2s^r_0s^p_r - b^ps^r_0s_r + s^ps_0)(y_ly_kb_j + y_ky_jb_l + y_ly_jb_k) - 4(b^4s^p_{0;0} + b^ps_0r_0 + b^2b^ps^r_0r_{r0} + b^ps^2_0 - b^2s_0r^p_0 - b^2s_{0;0}b^p + 3y^pb^2s^r_0s_r + s^pb^2r_{00})(y_lb_jb_k + y_kb_jb_l + y_jb_kb_l) - 12y^pb_jb_kb_l(r_0s_0 + s^2_0 + b^2s^r_0r_{r0} - b^2s_{0;0})$,

$C_5 = -8b^2y^p(y_ky_jb_l + y_jy_lb_k + y_ky_lb_j)(b^2s^r_0s_{r0} - s^2_0)$,

$D_2 = 2b^2b_jb_k(b^2y^ps^r_ls_{r0} - y^ps_ls_0 - 3b^2s^r_0s^p_ry_l + 3b^ps^r_0s_ry_l - 3s^ps_0y_l) + 2b^2b_jb_l (b^2y^ps^r_ks_{r0} - y^ps_ks_0 - 3b^2s^r_0s^p_ry_k + 3b^ps^r_0s_ry_k - 3s^ps_0y_k) + 2b^2b_kb_l(b^2y^ps^r_js_{r0} - y^ps_js_0 - 3b^2s^r_0s^p_ry_j + 3b^ps^r_0s_ry_j - 3s^ps_0y_j) + 6b_jb_kb_l(b^2r_{00}s^p - b^2b^ps_{0;0} + b^4s^p_{0;0} + b^ps_0r_0 - b^2r^p_0s_0 + b^ps^2_0 + 2b^2y^ps^r_0s_r + b^2b^ps^r_0r_{r0})$,

$D_4 = -8b^2y^p(y_kb_jb_l + y_jb_kb_l + y_lb_jb_k)(b^2s^r_0s_{r0} - s^2_0)$,

$E_1 = 6b^2b_jb_kb_l(s_0s^p + s^r_0(b^2s^p_r - s_rb^p))$,

$E_3 = 6b^2y^pb_jb_kb_l(b^2s_{r0}s^r_0 - s^2_0)$

ve harflerin altındaki indisler homojenlik derecelerini gösterir.

**Teorem 2.2.1.** *Bir Kropina uzayının genelleştirilmiş Douglas metrikli olması için gerek ve yeter koşul (2.2.20) polinom denklemlerinin sağlanmasıdır.*

**Yardımcı Teorem 2.2.2.** *[21, 22]:* $(\alpha, \beta)-$*metrikli* $n-$*boyutlu bir Finsler uzayında* $\alpha^2 \equiv 0 \; mod \; \beta$ *olması halinde uzay iki boyutlu ve* $b^2 = 0$ *olur. Bu durumda* $\alpha^2 = \beta\delta$ *eşitliğini sağlayan bir* $\delta = d_i(x)y^i$, $1-$*formu vardır ve* $d_ib^i = 2$.

**İspat 2.2.2.** $\alpha^2 \equiv 0 \; mod \; \beta$ ise $a_{ij}y^iy^j$ kuadratik formu $\beta = b_iy^i$ yi bir çarpan olarak içerir. Bu durumda $\alpha^2 = \delta\beta$ ve $\delta = d_iy^i$, $d_i = d_i(x), b_i = b_i(x)$ için

$$a_{ij}y^iy^j = b_iy^id_jy^j$$

yazılabilir. Burada $i \leftrightarrow j$ indis değişimi yapılarak elde edilen iki denklem taraf tarafa toplanırsa

$$a_{ij} + a_{ji} = b_id_j + b_jd_i$$

veya

$$a_{ij} = \frac{1}{2}(b_id_j + b_jd_i) \tag{2.2.21}$$

bulunur. $n > 2$ için $\det[a_{ij}] = 0$ olduğu kolayca görülür. Bu nedenle $n = 2$ olmalıdır.

$n = 2$ için

$$\begin{aligned}\det[a_{ij}] &= \begin{vmatrix} b_1 d_1 & \frac{1}{2}(b_1 d_2 + b_2 d_1) \\ \frac{1}{2}(b_1 d_2 + b_2 d_1) & b_2 d_2 \end{vmatrix} \\ &= b_1 b_2 d_1 d_2 - \frac{1}{4}(b_1 d_2 + b_2 d_1)^2 \\ &= -\frac{1}{4}(b_1 d_2 - b_2 d_1)^2 < 0\end{aligned}$$

olduğundan $\alpha$ Riemannian metriği pozitif tanımlı bir metrik olma koşulunu sağlamamaktadır. Bu durumda $\delta$, $\beta$ ile orantılı değildir. Bunun sonucu olarak $d_i$ ve $b_i$ birbirinden lineer olarak bağımsızdır. Diğer taraftan, (2.2.21) den elde edilen

$$2a_{ij} = b_i d_j + b_j d_i$$

eşitliğinin her tarafı $b^j$ ile daraltılırsa

$$b^2 d_i = (2 - d_j b^j) b_i$$

bulunur. $d_i$ ve $b_i$ lineer bağımsız olduklarına göre katsayıların sıfır olması gerektiği açık olur. Sonuç olarak, $\alpha^2 \equiv 0 \; mod \; \beta$ durumunda

$$b^2 = 0, \; d_j b^j = 2, \; n = 2$$

dir. □

**Teorem 2.2.2.** *Bir $F_n$ $(n > 2)$ Kropina uzayının genelleştirilmiş Douglas metrikli olması için gerek koşul*

$$\begin{aligned}&- b^2 b_p s_r s^r_i + b_p s_i r_r b^r - b^2 r_p s_i - b^2 b_p b^r s_{i;r} + b^4 b^r s_{pi;r} + b^2 b_p s^r_i r_r + b^2 s_p r_i \\ &+ b_i \left(-s_p r_r b^r + b^2 s_{pr} r^r + b^2 b^r s_{p;r} - b^2 s_{pr} s^r\right) = 0, \quad p, i = 1, 2, \ldots, n \quad (2.2.22)\end{aligned}$$

*denklemlerinin sağlanmasıdır.*

**İspat 2.2.2.** (2.2.20) denkleminin açık hali, $b^j b^k b^l$ ile daraltılır ve düzenlenirse

$$
\begin{aligned}
&-(\alpha^2 b^2-\beta^2)\Big\{\beta^2(b^2 s_{p;0}-s_p(r_0+s_0)-b^2 s^r_p r_{r0})+\beta(b^4 s_{p0;0}+s_0 r_0 b_p\\
&+b^2 s_p r_{00}+s_0^2 b_p+b^2 b_p s^r_0 r_{r0}+b^2 s^r s_{r0} y_p-b^2 b_p s_{0;0}-b^2 s_0 r_{p0})\\
&+\alpha^2 b^2(s_0 s_p-b_p s^r s_{r0}-b^2 s^r_p s_{r0})+b^2 y_p(s^r_0 s_{r0} b^2-s_0^2)\Big\}=0 \qquad (2.2.23)
\end{aligned}
$$

polinom denklemleri elde edilir. Gerçekten, $\alpha^2 b^2-\beta^2=0$ olması durumunda, $\alpha^2\equiv 0 \mod \beta$ olacağından Yardımcı Teorem 2.2.2 den $n=2$ ve $b^2=0$ olmak zorundadır. Buna göre $n>2$ ve $b^2\neq 0$ için $\alpha^2 b^2-\beta^2\not\equiv 0$ olacağından (2.2.23) denklemlerinde sadeleştirme yapılarak

$$
\begin{aligned}
&\beta^2\big(b^2 s_{p;0}-s_p(r_0+s_0)-b^2 s^r_p r_{r0}\big)+\beta\big(b^4 s_{p0;0}+s_0 r_0 b_p+b^2 s_p r_{00}+s_0^2 b_p\\
&+b^2 b_p s^r_0 r_{r0}+b^2 s^r s_{r0} y_p-b^2 b_p s_{0;0}-b^2 s_0 r_{p0}\big)+\alpha^2 b^2\big(s_0 s_p-b_p s^r s_{r0}\\
&-b^2 s^r_p s_{r0}\big)+b^2 y_p\big(s^r_0 s_{r0} b^2-s_0^2\big)=0
\end{aligned}
$$

veya kapalı formda

$$\beta(C_1\beta+C_2)+\alpha^2 D_1+C_3=0 \qquad (2.2.24)$$

polinom denklemleri sağlanmalıdır. Burada

$$
\begin{aligned}
C_1&=b^2 s_{p;0}-s_p(r_0+s_0)-b^2 s^r_p r_{r0},\\
C_2&=b^4 s_{p0;0}+s_0 r_0 b_p+b^2 s_p r_{00}+s_0^2 b_p+b^2 b_p s^r_0 r_{r0}+b^2 s^r s_{r0} y_p-b^2 b_p s_{0;0}-b^2 s_0 r_{p0},\\
D_1&=b^2(s_0 s_p-b_p s^r s_{r0}-b^2 s^r_p s_{r0}),\\
C_3&=b^2 y_p(s^r_0 s_{r0} b^2-s_0^2).
\end{aligned}
$$

(2.2.24) da $\beta(C_1\beta+C_2)+C_3$ terimi $\alpha^2$ yi içermemektedir. Bu durumda

$$\beta(C_1\beta+C_2)+C_3=\alpha^2 u_{p1} \qquad (2.2.25)$$

eşitliğini sağlayan $1-$homojen bir $u_{p1}=u_{pi}(x)y^i$ terimi mevcut olmalıdır. Böylece (2.2.24) dan

$$D_1=-u_{p1} \qquad (2.2.26)$$

bulunur.

Diğer taraftan, (2.2.25) $y^i$ ve $y^j$ ye göre türetilir ve $b^i$ ile daraltılırsa $u_{p1}$;

$$\begin{aligned} u_{p1} =&\beta(-s_p r_r b^r + b^2 s_{pr} r^r + b^2 b^r s_{p;r} - b^2 s_{pr} s^r) + b_p s_0 r_r b^r - b^2 r_p s_0 \\ &- b^2 b_p b^r s_{0;r} - b^4 s_{pr} s_0^r + b^4 b^r s_{p0;r} + b^2 b_p s_0^r r_r - b^2 s_p s_0 + b^2 s_p r_0 \end{aligned} \quad (2.2.27)$$

olarak elde edilir. (2.2.26), (2.2.27) de yerine yazılırsa,

$$\begin{aligned} D_1 + u_{p1} =& - b^2 b_p s^r s_{r0} + \beta(-s_p r_r b^r + b^2 s_{pr} r^r + b^2 b^r s_{p;r} - b^2 s_{pr} s^r) \\ &+ b_p s_0 r_r b^r - b^2 r_p s_0 - b^2 b_p b^r s_{0;r} + b^4 b^r s_{p0;r} + b^2 b_p s_0^r r_r \\ &+ b^2 s_p r_0 = 0 \end{aligned} \quad (2.2.28)$$

bulunur ve (2.2.28) ün $y^i$ ye göre türevinin alınmasıyla da

$$\begin{aligned} &- b^2 b_p s_r s_i^r + b_p s_i r_r b^r - b^2 r_p s_i - b^2 b_p b^r s_{i;r} + b^4 b^r s_{pi;r} + b^2 b_p s_i^r r_r \\ &+ b^2 s_p r_i + b_i(-s_p r_r b^r + b^2 s_{pr} r^r + b^2 b^r s_{p;r} - b^2 s_{pr} s^r) = 0 \end{aligned}$$

elde edilir. □

## 2.3 Finsler Uzaylarında $R-$Eğrilik Tensörü

$B\Gamma(G^i_{{}_F jk}, G^i_{{}_F j}, 0)$ Berwald konneksiyonlu bir $F_n$ Finsler uzayı için

$$R^i_{jk} = \partial_k G^i_{{}_F j} - \partial_j G^i_{{}_F k} + G^i_{{}_F kr} G^r_{{}_F j} - G^i_{{}_F jr} G^r_{{}_F k}$$

ifadesinin $y^l$ ye göre kısmi türevi

$$\begin{aligned} R^i_{ljk} &= \dot{\partial}_l R^i_{jk} \\ &= \partial_k G^i_{{}_F jl} - \partial_j G^i_{{}_F kl} - G^r_{{}_F k} \dot{\partial}_l G^i_{{}_F jr} + G^r_{{}_F j} \dot{\partial}_l G^i_{{}_F kr} + G^i_{{}_F kr} G^r_{{}_F jl} - G^i_{{}_F jr} G^r_{{}_F kl} \end{aligned} \quad (2.3.1)$$

$R-$eğrilik tensörüdür[23]. Bir Berwald uzayı için $R-$eğrilik tensörü

$$R^i_{ljk} = \dot{\partial}_l R^i_{jk} = \partial_k G^i_{{}_F jl} - \partial_j G^i_{{}_F kl} + G^i_{{}_F kr} G^r_{{}_F jl} - G^i_{{}_F jr} G^r_{{}_F kl}$$

şeklindedir. Burada $\partial_k = \dfrac{\partial}{\partial x^k}$, $\dot{\partial}_k = \dfrac{\partial}{\partial y^k}$.

$R^i_{jk}$ için aşağıdaki eşitlikler sağlanır[23]:

(a) $y^l R^i_{ljk} = R^i_{0jk} = R^i_{jk}$

(b) $y^j R^i_{jk} = R^i_{0k} = R^i_k$

(c) $R^i_{jk} = -R^i_{kj}, \; R^i_{ljk} = -R^i_{lkj}$

(d) $R^i_{jk} = \frac{1}{3}\left(\dot{\partial}_j R^i_k - \dot{\partial}_k R^i_j\right).$

Bir $F_n$ Finsler uzayının (2.3.1) ile verilen $R-$eğrilik tensörü $R^i_{jlk}$ ifadesinde $j$ ve $l$ indisleri üzerine daraltma yapıldığında

$$R^i_k = y^l y^j R^i_{ljk} = 2\partial_k G^i_{F} - \partial_j G^i_{Fk} y^j - G^i_{Fr} G^r_{Fk} + 2G^i_{Fkr} G^r_{F} \tag{2.3.2}$$

Riemann eğriliği elde edilir. (2.3.2) de $k = i$ alındığında da

$$R^i_i = 2\partial_i G^i_{F} - y^j \partial_j G_{F} - G^i_{Fr} G^r_{Fi} + 2G_{Fr} G^r_{F} \tag{2.3.3}$$

Ricci tensörü(veya skaleri) bulunur.

**Teorem 2.3.1.** *Berwald konneksiyonlu bir Finsler uzayının $R-$eğrilik tensörü, Riemann geometrisindeki birinci ve ikinci Bianchi özdeşliklerine eşdeğer olan*

*(a)* $R^i_{jkl} + R^i_{ljk} + R^i_{klj} = 0,$

*(b)* $R^i_{jkl|m} + R^i_{jlm|k} + R^i_{jmk|l} = 0$

*özdeşliklerini sağlar.*

**İspat 2.3.1.** (a) Berwald uzayında $G^i_{Fjk} = G^i_{Fjk}(x)$ olduğundan (2.3.1) ile tanımlanan $R-$eğrilik tensörü

$$R^i_{ljk} = \partial_k G^i_{Fjl} - \partial_j G^i_{Fkl} - G^i_{Fjr} G^r_{Fkl} + G^i_{Fkr} G^r_{Fjl}$$

olur.

$l, j, k$ indisleri devirsel olarak değiştirilir

$$R^i_{jkl} = \partial_l G^i_{Fkj} - \partial_k G^i_{Flj} - G^i_{Fkr} G^r_{Fjl} + G^i_{Flr} G^r_{Fkj}$$

$$R^i_{ljk} = \partial_k G^i_{{}_F jl} - \partial_j G^i_{{}_F kl} - G^i_{{}_F jr} G^r_{{}_F kl} + G^i_{{}_F kr} G^r_{{}_F jl}$$
$$R^i_{klj} = \partial_j G^i_{{}_F lk} - \partial_l G^i_{{}_F jk} - G^i_{{}_F lr} G^r_{{}_F jk} + G^i_{{}_F jr} G^r_{{}_F kl}$$

ve elde edilen üç eşitlik taraf tarafa toplanırsa

$$R^i_{jkl} + R^i_{ljk} + R^i_{klj} = 0$$

bulunur.

(b) $R^i_{jkl}$ nin $y^m$ göre kovaryant türevi alınır ve $k, l, m$ indisleri devirsel olarak değiştirilirse, sırasıyla,

$$R^i_{jkl|m} = \partial_m R^i_{jkl} - G^p_{{}_F m} R^i_{pjkl} + G^i_{{}_F rm} R^r_{jkl} - G^p_{{}_F jm} R^i_{pkl} - G^p_{{}_F km} R^i_{jpl} - G^p_{{}_F lm} R^i_{jkp}$$
$$R^i_{jlm|k} = \partial_k R^i_{jlm} - G^p_{{}_F k} R^i_{pjlm} + G^i_{{}_F rk} R^r_{jlm} - G^p_{{}_F jk} R^i_{plm} - G^p_{{}_F lk} R^i_{jpm} - G^p_{{}_F mk} R^i_{jlp}$$
$$R^i_{jmk|l} = \partial_l R^i_{jmk} - G^p_{{}_F l} R^i_{pjmk} + G^i_{{}_F rl} R^r_{jmk} - G^p_{{}_F jl} R^i_{pmk} - G^p_{{}_F lm} R^i_{jpk} - G^p_{{}_F kl} R^i_{jmp}$$

elde edilir. Elde edilen eşitlikler taraf tarafa toplandığında Riemann geometrisindeki ikinci Bianchi özdeşliğinin genelleştirilmişi olan

$$R^i_{jkl|m} + R^i_{jlm|k} + R^i_{jmk|l} = 0$$

özdeşliği elde edilir. □

## 2.4 Skaler Flag Eğrilikli Kropina Uzayları

**Yardımcı Teorem 2.4.1.** *[13]: Bir Finsler metriğinin skaler flag eğrilikli olması için gerek ve yeter koşul $W^i_j$ Weyl tensörünün sıfır olmasıdır.*

**İspat 2.4.1.** Bir $F$ Finsler metriği $K = \sigma(x, y)$ skaler flag eğrilikli olsun. Bu durumda

$$R^i_j = KF^2 h^i_j \tag{2.4.1}$$

dır[1]. (2.4.1), (1.8.8) de yazılırsa

$$W^i_j = R^i_j - R\delta^i_j - \frac{1}{n+1}\frac{\partial}{\partial y^m}(R^m_j - R\delta^m_j)y^i \tag{2.4.2}$$

$$= \sigma F^2(\delta^i_j - \frac{y^i}{F}F_j) - \sigma F^2\delta^i_j - \frac{1}{n+1}\frac{\partial}{\partial y^m}\Big[\sigma F^2(\delta^m_j - \frac{y^m}{F}F_j) - \sigma F^2\delta^m_j\Big]y^i$$
$$= \frac{1}{2(n+1)}\Big[F^2\Big]_{y^j}\sigma_m y^m y^i$$

bulunur. Burada $\sigma = \sigma(x,y), \sigma_m = \dfrac{\partial\sigma}{\partial y^m}$ dir. $K = \sigma(x,y)$ sıfırıncı dereceden skaler bir fonksiyon olduğundan

$$\sigma_m y^m = 0 \tag{2.4.3}$$

ve (2.4.2) den $W^i_j = 0$ dır.

Tersine olarak, $W^i_j = 0$ olsun. (2.4.1) ve (2.4.2) den

$$KF^2h^i_j = R^i_j - R\delta^i_j - \frac{1}{n+1}\frac{\partial}{\partial y^m}(KF^2h^m_j - R\delta^m_j)y^i$$

kullanılarak,

$$KF^2\frac{y^i}{F}F_j = \frac{1}{n+1}(K_m y^m FF_j + KF_m y^m F_j + KF\delta^m_m F_j + KFF_{jm}y^m)y^i,$$
$$= \frac{1}{2(n+1)}\left[K_m y^m (F^2)_{y^j} + (n+1)K(F^2)_{y^j}\right]y^i$$

veya

$$\frac{1}{n+1}K_m y^m \left[F^2\right]_{y^j} = 0 \tag{2.4.4}$$

bulunur. Burada, $[F^2]_{y^j} \neq 0$ olduğundan, (2.4.4) den

$$K_m y^m = 0 \tag{2.4.5}$$

dır. (2.4.5) kismi türevli diferansiyel denkleminin çözümü $K = \sigma(x,y)$ skaler fonksiyonunu verir [24]. Böylece iki yönlü ispat tamamlanmış olur. □

**Yardımcı Teorem 2.4.2.** *Bir $F$ Kropina metriği ile $\alpha$ Riemann metriğinin Weyl eğrilik tensörleri arasındaki ilişki*

$$\underset{F}{W}{}^i_k = \underset{\alpha}{W}{}^i_k + \Theta^i_k \tag{2.4.6}$$

*şeklindedir. Burada $\Theta^i_k$ terimi açık formda,*

$$\Theta^i_k = -\frac{1}{4(n^2-1)\beta^5 b^4}\Big\{\alpha^4\big\{-b^2\big[b^2(1-n^2)s^i_r s^r_k+(1+n)b^2\delta^i_k s^m_r s^r_m+(1-n)s^i s_k n^2\big]\beta^3+ b^2(1+n)\big[2(1-n)s_0(s_k b^i-b^2 s^i_k)+b^2 y^i s^r_k s_r+(1-n)s_0 b_k s^i\big]\beta^2+\big[b^4(1+n)y^i(s_0 s_k+ s^r_0 s_r b_k)\big]\beta-b^4(1+n)b_k y^i(b^2 s^r_0 s_{r0}-s^2_0)\big\}+2\alpha^2\Big\{\big[2b^2(1-n^2)s_{0;k}b^i-b^2(1-n^2)r^i_0 s_k- 2b^4(1-n^2)s^i_{0;k}-b^2(1-n^2)s^i r_{k0}+2b^2(1-n^2)s_0 r^i_k+b^4(1-n^2)s^i_{k;0}+b^2(1+n)s^r r_{rk}y^i+ b^4(1+n)s^r_{k;r}-2(1-n^2)s_0 b^i r_k-b^2(1-n^2)s_{k;0}b^i+b^2(1+n)(s_r+r_r)s^r_k y^i-b^2(1+ n)y^i s_k r^r_r-b^2(1+n)y^i s_{k;r}b^r-2(1+n)\delta^i_k s_0 r_r b^r+2b^2(1+n)s_0 r^r_r\delta^i_k+(1+n)s_k b^r r_r y^i- 2b^2(1+n)\delta^i_k s^r r_{r0}+(1-n^2)b^i s_k r_0-2b^4(1+n)\delta^i_k s^r_{0;r}+2b^2(1+n)b^r s_{0;r}\delta^i_k+b^2(1+ n)\delta^i_k r^r_0 s_r+b^2(1-n^2)b^i r_{r0}s^r_k-b^2(1-n^2)s_k s^i_0\big]\beta^4+2\big[b^2(1-n^2)b_k b^i s_{0;0}-b^2(1+ n)y^i b_k s_0 r_r b^r-b^2(1-n^2)r_{00}s^i b_k+3b^2(1+n)s^2_0\delta^i_k-3b^4(1-n^2)s^i_0 s_{k0}+b^4(1+ n)s^r_0 r_{r0}\delta^i_k-b^4(1-n^2)b_k s^i_{0;0}+b^2(1+n)s_0 y^i b_k r^r_r+3b^2(1-n^2)s_0 s_{k0}b^i+b^2(1- n^2)b_k s_0 r^i_0+b^2(1-n^2)s_0 s^i y_k-(1-n^2)b_k b^i s^2_0+b^2(1+n)y^i b_k s_{0;r}b^r-b^4(1+n)b_k s^r_{0;r}- 3b^2(1+n)y^i s_0 s_k-2(1-n^2)b_k b^i s_0 r_0-2b^4(1+n)\delta^i_k s^r_0 s_{r0}-b^4(1+n)y^i s^r_0 s_{rk}-b^2(1+ n)s^r_0 s_r b_k y^i\big]\beta^3+2\big[-2b^4(1+n)y^i s_0 s_{k0}-b^2(1-n^2)s^2_0 y_k b^i+b^4(1+n)y^i s_{r0}s^r y_k+ b^4(1-n^2)s_0 y_k s^i_0+b^2(1+n)s^2_0 b_k y^i-b^4(1+n)y^i s^r_0 s_r y_k-b^2(1+n)y^i s_0 r_0 b_k-2b^4(1+ n)y^i r_{r0}s^r_0 b_k\big]\beta^2-\big[2b^4(1+n)s^2_0 y^i y_k\big]\beta\Big\}+4\big[-b^2(1+n)(s_{0;0}+r_{0;0})\delta^i_k+(1+n)r^2_0\delta^i_k- (1-n^2)r_{00}b^i r_k-(1+n)r_{00}r_r b^r\delta^i_k+b^2(1+n)\delta^i_k r_{00;r}b^r+b^2(1+n)s^r_0 r_{r0}\delta^i_k+b^2(1- n^2)r_{00;k}b^i+(1+n)s^2_0\delta^i_k+2(1+n)s_0 r_0\delta^i_k+(1+n)r_{k0}r_r b^r-(1-n^2)r_{00}b^i s_k-b^2(1- 2n)y^i r_{k;0}+(1-n^2)r_{k0}s_0 b^i-b^2(1+n)y^i r_{k0;r}b^r+b^2(1-n^2)r_{00}r^i_k-(1+n)y^i r_k(s_0+ r_0)-b^2(1-n^2)r_{k0;0}b^i-b^2(1+n)y^i r_{r0}s^r_k+b^2(1-n)r_{00}r^r_r\delta^i_k+(1-n^2)r_0 r_{k0}b^i+ b^2(2-n)(s_{k;0}+r_{k;0})y^i-b^2(1+n)r_{k0}r^r_r y^i-b^2(1-n)y^i s_{0;k}-(1+n)y^i(s_0+r_0)s_k- b^2(1-n^2)r_{k0}r^i_0\big]\beta^5+4\big[(1-n^2)s^2_0 b^i y_k+b^4(1+n)y^i y_k s^r_{0;r}+b^2(1+n)y^i s_{k0}s_0+b^2(1- n^2)r_{00}y_k s^i-b^2(1+n)y^i y_k s_{0;r}b^r+(1-n^2)s_0 r_0 y_k b^i+(1+n)y^i y_k s_0 r_r b^r-b^2(1+ n)y^i y_k s_0 r^r_r+b^4(1-n^2)s^i_{0;0}y_k-b^2(1-n^2)s_0 y_k r^i_0-b^2(1-n^2)s_{0;0}y_k b^i\big]\beta^4+\big[4b^2(1+ n)y^i y_k(b^2 r_{r0}s^r_0+s_0 r_0)\big]\beta^3\Big\}$$

***veya kapalı formda,***

$$\Theta^i_k = -\frac{1}{4(n^2-1)\beta^5 b^4}\left\{\alpha^4\left[A_0\beta^3+A_1\beta^2+A_2\beta+A_3\right]+\alpha^2\left[B_1\beta^4+B_2\beta^3 +B_3\beta^2+B_4\beta\right]+C_2\beta^5+C_3\beta^4+C_4\beta^3\right\} \tag{2.4.7}$$

***ve indislerine göre $y-$homejenlik dereceleri olan katsayılar***

$$A_0 = -b^2\Big[b^2(1-n^2)s^i_r s^r_k+(1+n)b^2\delta^i_k s^m_r s^r_m+(1-n)s^i s_k n^2\Big],$$

$$
\begin{aligned}
A_1 =& -b^2(1+n)\Big[2(1-n)s_0(s_kb^i-b^2s^i_k)+b^2y^is^r_ks_r+(1-n)s_0b_ks^i\Big],\\
A_2 =& b^4(1+n)y^i(s_0s_k+s^r_0s_rb_k),\\
A_3 =& -b^4(1+n)b_ky^i(b^2s^r_0s_{r0}-s^2_0),\\
B_1 =& 4b^2(1-n^2)s_{0;k}b^i-2b^2(1-n^2)r^i_0s_k-4b^4(1-n^2)s^i_{0;k}-2b^2(1-n^2)s^ir_{k0}\\
&+4b^2(1-n^2)s_0r^i_k+2b^4(1-n^2)s^i_{k;0}+2b^2(1+n)s^rr_{rk}y^i+2b^4(1+n)s^r_{k;r}\\
&-4(1-n^2)s_0b^ir_k-2b^2(1-n^2)s_{k;0}b^i+2b^2(1+n)(s_r+r_r)s^r_ky^i\\
&-2b^2(1+n)y^is_kr^r_r-2b^2(1+n)y^is_{k;r}b^r-4(1+n)\delta^i_ks_0r_rb^r\\
&+4b^2(1+n)s_0r^r_r\delta^i_k+2(1+n)s_kb^rr_ry^i-4b^2(1+n)\delta^i_ks^rr_{r0}\\
&+2(1-n^2)b^is_kr_0-4b^4(1+n)\delta^i_ks^r_{0;r}+4b^2(1+n)\delta^i_kb^rs_{0;r}\\
&+2b^2(1+n)\delta^i_kr^r_0s_r+2b^2(1-n^2)b^ir_{r0}s^r_k-2b^2(1-n^2)s_ks^i_0,\\
B_2 =& 2b^2(1-n^2)b_kb^is_{0;0}-2b^2(1+n)y^ib_ks_0r_rb^r-2b^2(1-n^2)r_{00}s^ib_k\\
&+6b^2(1+n)s^2_0\delta^i_k-6b^4(1-n^2)s^i_0s_{k0}+2b^4(1+n)s^r_0r_{r0}\delta^i_k\\
&-2b^4(1-n^2)b_ks^i_{0;0}+2b^2(1+n)s_0y^ib_kr^r_r+6b^2(1-n^2)s_0s_{k0}b^i\\
&+2b^2(1-n^2)b_ks_0r^i_0+2b^2(1-n^2)s_0s^iy_k-2(1-n^2)b_kb^is^2_0\\
&+2b^2(1+n)y^ib_ks_{0;r}b^r-2b^4(1+n)b_ks^r_{0;r}-6b^2(1+n)y^is_0s_k\\
&-2(1-n^2)b_kb^is_0r_0-4b^4(1+n)\delta^i_ks^r_0s_{r0}-2b^4(1+n)y^is^r_0s_{rk}\\
&-2b^2(1+n)s^r_0s_rb_ky^i,\\
B_3 =& -4b^4(1+n)y^is_0s_{k0}-2b^2(1-n^2)s^2_0y_kb^i+2b^4(1+n)y^is_{r0}s^ry_k\\
&+2b^4(1-n^2)s_0y_ks^i_0+2b^2(1+n)s^2_0b_ky^i-2b^4(1+n)y^is^r_0s_ry_k\\
&-2b^2(1+n)y^is_0r_0b_k-4b^4(1+n)y^ir_{r0}s^r_0b_k,\\
B_4 =& -2b^4(1+n)s^2_0y^iy_k,\\
C_2 =& -4b^2(1+n)(s_{0;0}+r_{0;0})\delta^i_k+4(1+n)r^2_0\delta^i_k-4(1-n^2)r_{00}b^ir_k\\
&-4(1+n)r_{00}r_rb^r\delta^i_k+4b^2(1+n)\delta^i_kr_{00;r}b^r+4b^2(1+n)s^r_0r_{r0}\delta^i_k\\
&+4b^2(1-n^2)r_{00;k}b^i+4(1+n)s^2_0\delta^i_k+8(1+n)s_0r_0\delta^i_k+4(1+n)r_{k0}\\
&r_rb^r-4(1-n^2)r_{00}b^is_k-4b^2(1-2n)y^ir_{k;0}+4(1-n^2)r_{k0}s_0b^i\\
&-4b^2(1+n)y^ir_{k0;r}b^r+4b^2(1-n^2)r_{00}r^i_k-4(1+n)y^ir_k(s_0+r_0)\\
&-4b^2(1-n^2)r_{k0;0}b^i-4b^2(1+n)y^ir_{r0}s^r_k+4b^2(1-n)\delta^i_kr_{00}r^r_r
\end{aligned}
$$

$$
\begin{aligned}
&+4(1-n^2)r_0r_{k0}b^i+4b^2(2-n)(s_{k;0}+r_{k;0})y^i-4b^2(1+n)r_{k0}r^r_ry^i\\
&-4b^2(1-n)y^is_{0;k}-4(1+n)y^i(s_0+r_0)s_k-4b^2(1-n^2)r_{k0}r^i_0,\\
C_3=&4(1-n^2)s_0^2b^iy_k+4b^4(1+n)y^iy_ks^r_{0;r}+4b^2(1+n)y^is_{k0}s_0\\
&+4b^2(1-n^2)r_{00}y_ks^i-4b^2(1+n)y^iy_ks_{0;r}b^r+4(1-n^2)s_0r_0y_kb^i\\
&+4(1+n)y^iy_ks_0r_rb^r-4b^2(1+n)y^iy_ks_0r^r_r+4b^4(1-n^2)s^i_{0;0}y_k\\
&-4b^2(1-n^2)s_0y_kr^i_0-4b^2(1-n^2)s_{0;0}y_kb^i,\\
C_4=&4b^2(1+n)y^iy_k(b^2r_{r0}s^r_0+s_0r_0).
\end{aligned}
$$

**İspat 2.4.2.** Yardımcı Teorem 2.2.1 e göre $F$ Kropina metriği ile $\alpha$ Riemann metriğinin sprey katsayıları arasında

$$G^i_F=G^i_\alpha+\Omega^i-Py^i \tag{2.4.8}$$

ilişkisi mevcuttur. Burada

$$\Omega^i=-\frac{\alpha^2}{2\beta}s^i_0+\frac{\alpha^2s_0+\beta r_{00}}{2\beta b^2}b^i \tag{2.4.9}$$

ve

$$P=\frac{\alpha^2s_0+\beta r_{00}}{\alpha^2b^2} \tag{2.4.10}$$

dir. (2.4.8) de

$$G^i_{\widetilde{F}}=G^i_\alpha+\Omega^i \tag{2.4.11}$$

denirse, bir $\widetilde{F}_n$ Finsler uzayı ile $F_n$ Kropina uzayının projektif ilişkili olduğunu tanımlayan

$$G^i_{\widetilde{F}}=G^i_F+Py^i$$

eşitliği elde edilir.

Projektif ilişki altında Weyl eğriliği invaryant olduğundan (1.8.12) den

$$W^i_{\widetilde{F}k}=W^i_{Fk} \tag{2.4.12}$$

dır. Diğer taraftan, (2.4.11), (1.6.2) ve (1.8.8) dikkate alınarak,

$$R^i_{\widetilde{F}k}=R^i_{\alpha k}+2(\Omega^i_{;k}+G^j_{\alpha k}\Omega^i_j-G^i_{\alpha jk}\Omega^j)-(\Omega^i_{;j\cdot k}y^j+G^r_{\alpha k}\Omega^i_r+2G^r_\alpha\Omega^i_{rk}-G^i_{\alpha r}\Omega^r_k)$$

$$
\begin{aligned}
&+2G^{j}_{\alpha}\Omega^{i}_{jk}+2G^{i}_{\alpha jk}\Omega^{j}+2\Omega^{j}\Omega^{i}_{jk}-G^{i}_{\alpha j}\Omega^{j}_{k}-G^{j}_{\alpha k}\Omega^{i}_{j}-\Omega^{i}_{j}\Omega^{j}_{k}\\
&=R^{i}_{\alpha k}+2\Omega^{i}_{;k}-\Omega^{i}_{;j\cdot k}y^{j}+2\Omega^{j}\Omega^{i}_{jk}-\Omega^{i}_{j}\Omega^{j}_{k}\\
&=R^{i}_{\alpha k}+H^{i}_{k}, \qquad (2.4.13)\\
R&=\frac{1}{n-1}R^{m}_{m}\\
&=\frac{1}{n-1}\left[R^{m}_{\alpha m}+2\Omega^{m}_{;k}-\Omega^{m}_{;j\cdot m}y^{m}+2\Omega^{j}\Omega^{m}_{jm}-\Omega^{m}_{j}\Omega^{j}_{m}\right]\\
&=R_{\alpha}+\frac{1}{n-1}\left[2\Omega^{m}_{;k}-\Omega^{m}_{;j\cdot m}y^{m}+2\Omega^{j}\Omega^{m}_{jm}-\Omega^{m}_{j}\Omega^{j}_{m}\right]\\
&=R_{\alpha}+H, \qquad (2.4.14)
\end{aligned}
$$

ve

$$
\begin{aligned}
W^{i}_{\tilde{F}k}&=R^{i}_{\tilde{F}k}-R_{\tilde{F}}\delta^{i}_{k}-\frac{1}{n+1}\frac{\partial}{\partial y^{m}}(R^{m}_{\tilde{F}k}-R_{\tilde{F}}\delta^{m}_{k})y^{i}\\
&=W^{i}_{\alpha k}+\Theta^{i}_{k} \qquad (2.4.15)
\end{aligned}
$$

dır ve burada

$$
\begin{aligned}
\Theta^{i}_{k}&=H^{i}_{k}-H\delta^{i}_{k}-\frac{1}{n+1}\frac{\partial}{\partial y^{m}}(H^{m}_{k}-H\delta^{m}_{k})y^{i},\\
H^{i}_{k}&=2\Omega^{i}_{;k}-\Omega^{i}_{;j.k}y^{j}+2\Omega^{j}\Omega^{i}_{.j.k}-\Omega^{i}_{.j}\Omega^{j}_{.k}, \qquad \left(H=\frac{1}{n-1}H^{m}_{m}\right)
\end{aligned}
$$

ve $W^{i}_{\alpha k}$, $\alpha$ Riemann metriğinin Weyl eğriliğidir. Buna göre, $F$ Kropina metriği ile $\alpha$ Riemann metriğinin Weyl eğriliği arasındaki ilişki, (2.4.12) ve (2.4.15) den

$$
W^{i}_{Fk}=W^{i}_{\alpha k}+\Theta^{i}_{k} \qquad (2.4.16)
$$

olarak elde edilir. □

**Teorem 2.4.1.** *Bir $M$ manifoldu üzerinde tanımlı bir $F_n$ $(n>2, b^2\neq sbt.)$ Kropina uzayının skaler flag eğrilikli olması için gerek ve yeter koşullar*

$$
\begin{aligned}
&r_{00}=c\alpha^{2}, \quad \left(c=\frac{n-1}{n-2}\right)\\
&s_{0}=0, \quad s^{r}_{j}s_{ri}=0\ , \qquad (2.4.17)
\end{aligned}
$$

$$W^{i}_{\alpha k} = \frac{\alpha^2}{\beta^2}\left(D_0\beta^2 + D_1\beta + D_2\right) + \frac{1}{\beta}\left(E_0\beta^3 + E_1\beta^2 + E_2\beta + E_3\right).$$

*dır. Burada $W^{i}_{\alpha k}$, $\alpha$ Riemann metriğinin Weyl eğriliği ve $D$ ve $E$, indislerine göre $y-$homojendir.*

$$D_0 = \frac{(n-1)}{b^4(n-2)^2}\left[(n-1)b_k b^i - b^2\delta^i_k\right],$$

$$D_1 = s^i_{0;k} - \frac{1}{2}s^i_{k;0} + \frac{1}{2(n-1)}\, s^r_{k;r}y^i - \frac{1}{n-1}s^r_{0;r}\delta^i_k + \frac{(n-1)}{2b^2(n-2)}\, s_{k0}b^i,$$

$$D_2 = \frac{3}{2}\, s^i_0 s_{k0} + \frac{1}{2}\, s^i_{0;0}b_k - \frac{1}{2(n-1)}\, s^r_{0;r}b_k y^i,$$

$$E_0 = \frac{n-1}{b^4(n-2)^2}\,\delta^i_k,$$

$$E_1 = -\frac{n-1}{b^4(n-2)^2}\left(b_k\, y^i + (n-1)\, y_k b^i\right),$$

$$E_2 = \frac{n-1}{b^2(n-2)^2}\, y_k y^i - \frac{2}{b^2(n+1)}\, s_{k0}y^i,$$

$$E_3 = \frac{1}{n-1}\, s^r_{0;r}y_k y^i - s^i_{0;0}\, y_k.$$

**İspat 2.4.1.** Skaler flag eğrilikli bir Kropina uzayı için Yardımcı Teorem 2.4.1 ve Yardımcı Teorem 2.4.2 kullanılarak (2.4.6) den

$$W^{i}_{\alpha k} + \Theta^i_k = 0 \tag{2.4.18}$$

dır. Bu denklemin açık ifadesi $b^2 \neq 0$ için yardımıyla hesaplandığında (2.4.18) denkleminde (2.4.7) gözönüne alınarak $b^2 \neq 0$ için,

$$\begin{aligned}&-4(n^2-1)\beta^5 b^4 W^{i}_{\alpha k} + \alpha^4\Big\{A_0\beta^3 + A_1\beta^2 + A_2\beta + A_3\Big\}\\ &+\alpha^2\Big\{B_1\beta^4 + B_2\beta^3 + B_3\beta^2 + B_4\beta\Big\} + C_2\beta^5 + C_3\beta^4 + C_4\beta^3 = 0\end{aligned} \tag{2.4.19}$$

dır. (2.4.19) denkleminde $\beta$ yı içermeyen $A_3 = -b^4(1+n)b_k y^i(b^2 s^r_0 s_{r0} - s^2_0)$ terimi için

$$b^2 s^r_0 s_{r0} - s^2_0 = \beta u_1, \quad u_1 = u_i(x)y^i \tag{2.4.20}$$

yazılır ve (2.4.20), $y^i$ ve $y^j$ göre türetildikten sonra $b^i b^j$ ile daraltılırsa,

$$u_1 = -\frac{1}{b^2}(2b^2 s^r s_{r0} + \beta s^r s_r) \tag{2.4.21}$$

bulunur. $A_3 = -b^4(1+n)b_k y^i \beta u_1$, (2.4.19) de yerine yazılır ve tekrar $\beta$ yı içermeyen terimler dikkate alınırsa

$$\alpha^2(s_0 s_k + 4b_k s_0^r s_r) - 2y_k s_0^2 = \beta v_{2k} \tag{2.4.22}$$

eşitliğini sağlayan $v_{2k} = v_{kij}(x)y^i y^j$ nın mevcut olması gerektiği görülür. Diğer taraftan, (2.4.22) in $y^k$ ile daraltılması ile elde edilen $\alpha^2(-s_0^2+4\beta s_0^r s_r) = \beta v_{2k}y^k$ polinom denkleminin sağlanabilmesi için $v_{2k}y^k = \alpha^2 w_1$ olacak şekilde bir $w_1 = w_i(x)y^i$ bulunmalıdır. Buna göre, $\alpha^2 \neq 0$ için $-s_0^2 + \beta(4s_0^r s_r - w_1) = 0$ ve

$$s_0^2 = \beta q_1, \quad q_1 = q_i(x)y^i \tag{2.4.23}$$

olmalıdır. (2.4.23) eşitliği önce $y^i$ ye göre türetilip $b^i$ ile daraltılır sonra tekrar $y^k$ ya göre türetilip ve $b^k$ ile daraltılırsa, sırasıyla,

$$0 = b^2 q_1 + \beta q_i b^i \tag{2.4.24}$$

ve

$$0 = b^2 q_k b^k \tag{2.4.25}$$

elde edilir. (2.4.24) ve (2.4.25) den $b^2 \neq 0$ için $q_i b^i = 0$ ve $q_1 = 0$ bulunur. Böylece (2.4.20), (2.4.21) ve (2.4.23) den

$$s_0 = 0, s_k = 0, s_0^r s_{r0} = 0, s_i^r s_{rj} = 0, s_m^r s_r^m = 0, s_i^r s_{r0} = 0 \tag{2.4.26}$$

bulunur. Diğer taraftan, (2.4.26) sonuçları (2.4.19) denkleminde yazılır ve elde edilen denklem $y^k$ ile daraltılır ve $W^i_{\alpha k}y^k = 0$ kullanılırsa,

$$\alpha^2\left\{-\beta(n-1)b^i + 2b^2y^i\right\}s_0^r r_r - 2b^2\beta\left\{r_{0;0}y^i + (n-1)r_{00}y^i - (n-1)r_{00}r_0^i\right\} = 0 \tag{2.4.27}$$

elde edilir. Burada $\beta$ yı içermeyen terim $2b^2 s_0^r r_r$ dır. $2b^2 s_0^r r_r = \beta f(x)$ alınarak, gerekli hesaplamalar sonucunda $f(x) = 0$ dır. Böylece (2.4.27) denklemi

$$r_{0;0}y^i + (n-1)r_{00}y^i - (n-1)r_{00}r_0^i = 0 \tag{2.4.28}$$

haline indirgenmiş olur. (2.4.28) ile verilen denklemin $b_i$ ve $y_i$ ile daraltılmasıyla, sırasıyla,

$$\beta\left[r_{0;0} + (n-1)r_{00}\right] - (n-1)r_{00}r_0 = 0 \tag{2.4.29}$$

ve

$$\alpha^2\left[r_{0;0}+(n-1)r_{00}\right]-(n-1)r_{00}^2=0 \tag{2.4.30}$$

elde edilir. (2.4.29) ve (2.4.30) dan

$$r_{00}\left(\alpha^2 r_0-\beta r_{00}\right)=0 \tag{2.4.31}$$

elde edilir ve bir çözümü $r_{00}=0$ dır. $r_0=0$ ve (2.4.26) den $s_0=0$ kullanılarak $b^2_{;0}=b^2_{;j}y^j=2(s_0+r_0)=0$ olduğu görülür. Buradan $b^2\neq sabit$ için $r_{00}\neq 0$ olması gerektiği açıktır. Buna göre (2.4.31) in sağlanması için $r_{00}=c(x)\alpha^2$ olmalıdır. Diğer taraftan, $r_{00}=c(x)\alpha^2$ koşulu altında (2.4.30) denklemi

$$c_{;0}\beta=\alpha^2c(x)[(n-2)c(x)-n+1]$$

şeklini alır ki buradan $c_{;0}=0$ ve $(n-2)c(x)-n+1=0$ veya

$$c(x)=c=\frac{n-1}{n-2}$$

elde edilir.

$r_{00}=\dfrac{n-1}{n-2}\alpha^2,\ s_0=0,\ s_0^r s_{r0}=0$ sonuçları (2.4.19) eşitliğinde yerine yazıldığında $\alpha$ Riemann metriğinin Weyl eğrilik tensörü kapalı formda

$$\underset{\alpha}{W}{}^i_k=\frac{\alpha^2}{\beta^2}\left(D_0\beta^2+D_1\beta+D_2\right)+\frac{1}{\beta}\left(E_0\beta^3+E_1\beta^2+E_2\beta+E_3\right) \tag{2.4.32}$$

olarak elde edilir.

Böylece bir Kropina uzayı skaler flag eğrilikli ise

$$r_{00}=c\alpha^2,\ c=\frac{n-1}{n-2}$$
$$s_0=0,\quad s_i^r s_{rj}=0 \tag{2.4.33}$$

ve (2.4.32) koşullarını sağlar. Tersine olarak, bu koşulların sağlanması halinde (2.4.7) kullanılarak $\underset{\alpha}{W}{}^i_k+\Theta^i_k=0$ olduğu kolayca görülür. Sonuç olarak Yardımcı Teorem 2.4.2 den $\underset{F}{W}{}^i_k=0$ dır. Dolayısıyla, Kropina uzayları (2.4.32) ve (2.4.33) koşulları altında skaler flag eğriliklidir. □

**Teorem 2.4.2.** *Skaler flag eğrilikli bir $F_n$ $(n > 2)$ Kropina uzayının genelleştirilmiş Douglas metrikli olması için gerek ve yeter koşul*

$$s_{kl} = 0. \tag{2.4.34}$$

**İspat 2.4.2.** Bir $F_n$ $(n > 2)$ Kropina uzayının, skaler flag eğrilikli bir genelleştirilmiş Douglas uzayı olduğunu kabul edelim. Bu durumda Teorem 2.4.1 ile verilen $r_{00} = c\alpha^2$, $s_0 = 0$, $s_i^r s_{rj} = 0$, $c = \dfrac{n-1}{n-2}$ koşulları bir Kropina uzayının genelleştirilmiş Douglas uzayı olma koşulunu veren (2.2.20) denkleminde yerine yazıldığında

$$\Big\{\Big[b_j b_l(cb^p s_{k0} - b^2 s^p_{k;0}) + b_j b_k(cb^p s_{l0} - b^2 s^p_{l;0}) + b_l b_k(cb^p s_{j0} - b^2 s^p_{j;0})\Big]\beta + 3b^2 s^p_{0;0} b_j b_k b_l\Big\}\alpha^4 + \Big\{\Big[a_{jk}(b^p c s_{l0} - b^2 s^p_{l;0}) + a_{jl}(b^p c s_{k0} - b^2 s^p_{k;0}) + a_{lk}(b^p c s_{j0} - b^2 s^p_{j;0})\Big]\beta^3 + \Big[y^p b^2(s_{k0}s_{lj} + s_{l0}s_{jk}) - 2y^p c(2b_l b_k s_{j0} + 2b_j b_k s_{l0} - b_j b_l s_{k0}) + (b^2 s^p_{k;0} - b^p c s_{k0})(y_l b_j + y_j b_l) + (b^2 s^p_{j;0} - b^p c s_{j0})(y_k b_l + y_l b_k) + (b^2 s^p_{l;0} - b^p c s_{l0})(y_j b_k + y_k b_j) + b^2 s^p_{0;0}(a_{jk} b_l + a_{jl} b_k + a_{lk} b_j)\Big]\beta^2 - 2b^2\Big[b_k b_l(y^p s_{j0;0} + y_j s^p_{0;0}) + b_j b_k(y^p s_{l0;0} + y_l s^p_{0;0}) + b_j b_l(y^p s_{k0;0} + y_k s^p_{0;0})\Big]\beta\Big\}\alpha^2 - 2y^p\Big[a_{lk} c s_{j0} + a_{jl} c s_{k0} + a_{jk} c s_{l0}\Big]\beta^4 + 2y^p\Big[c s_{l0}(y_k b_j + 2y_j b_k) + c s_{j0}(y_k b_l + 2y_l b_k) - b^2(s_{j0;0} a_{lk} + s_{k0;0} a_{jl} + s_{l0;0} a_{jk})\Big]\beta^3 + 2b^2 y^p\Big[s_{j0;0}(y_l b_k + y_k b_l) + s_{k0;0}(y_l b_j + y_j b_l) + s_{l0;0}(y_k b_j + y_j b_k)\Big]\beta^2 = 0$$

veya kapalı formda

$$(A_1\beta + A_2)\alpha^4 + (B_1\beta^3 + B_2\beta^2 + B_3\beta)\alpha^2 + C_2\beta^4 + C_3\beta^3 + C_4\beta^2 = 0 \tag{2.4.35}$$

denklemi elde edilir. Burada

$A_1 = b_j b_l(cb^p s_{k0} - b^2 s^p_{k;0}) + b_j b_k(cb^p s_{l0} - b^2 s^p_{l;0}) + b_l b_k(cb^p s_{j0} - b^2 s^p_{j;0})$,
$A_2 = 3b^2 s^p_{0;0} b_j b_k b_l$,
$B_1 = a_{lk}(cb^p s_{j0} - b^2 s^p_{j;0}) + a_{jk}(cb^p s_{l0} - b^2 s^p_{l;0}) + a_{jl}(cb^p s_{k0} - b^2 s^p_{k;0})$,
$B_2 = y^p b^2(s_{k0}s_{lj} + s_{l0}s_{jk}) - 2y^p c(2b_l b_k s_{j0} + 2b_j b_k s_{l0} - b_j b_l s_{k0}) + (b^2 s^p_{k;0} - b^p c s_{k0})(y_l b_j + y_j b_l) + (b^2 s^p_{j;0} - b^p c s_{j0})(y_k b_l + y_l b_k) + (b^2 s^p_{l;0} - b^p c s_{l0})(y_j b_k + y_k b_j) + b^2 s^p_{0;0}(a_{jk} b_l + a_{jl} b_k + a_{lk} b_j)$,
$B_3 = -2b^2 b_k b_l(y^p s_{j0;0} + y_j s^p_{0;0}) - 2b^2 b_j b_k(y^p s_{l0;0} + y_l s^p_{0;0}) - 2b^2 b_j b_l(y^p s_{k0;0} + y_k s^p_{0;0})$,
$C_2 = -2y^p c(a_{lk} s_{j0} + a_{jl} s_{k0} + a_{jk} s_{l0})$,

$$C_3 = 2y^p[cs_{l0}(y_kb_j+2y_jb_k)+cs_{j0}(y_kb_l+2y_lb_k)-b^2s_{j0;0}a_{lk}-b^2s_{k0;0}a_{jl}-b^2s_{l0;0}a_{jk}],$$
$$C_4 = 2y^pb^2\left[s_{j0;0}(y_lb_k + y_kb_l) + s_{k0;0}(y_lb_j + y_jb_l) + s_{l0;0}(y_kb_j + y_jb_k)\right].$$

Bu denklemde $\beta$ yı içermeyen $A_2 = 3b^2s^p_{0;0}b_jb_kb_l$ terimi için

$$s^p_{0;0} = \beta u^p_1\,; \quad u^p_1 = u^p_i(x)y^i \tag{2.4.36}$$

olur ve (2.4.36) ün $y^m$ ve $y^l$ göre türevi alınıp $b^mb^l$ ile daraltılma yapılırsa,

$$u^p_1 = \frac{1}{b^2}(s^p_{0;k}b^k - cs^p_0)$$

ve $u^p_1$ in (2.4.36) te yerine yazılması ile

$$b^2s^p_{0;0} = \beta(s^p_{0;r}b^r - cs^p_0), \quad b^2s_{k0;0} = \beta(s_{k0;r}b^r - cs_{0k}) \tag{2.4.37}$$

elde edilir. (2.4.37), (2.4.35) de kullanılırsa $\beta$ yı içermeyen $A_1+\bar{A}_2$, $\left(\bar{A}_2 = \dfrac{A_2}{\beta}\right)$ terimi için

$$\begin{aligned} A_1 + \bar{A}_2 =& b_jb_l(cb^ps_{k0} - b^2s^p_{k;0}) + b_jb_k(cb^ps_{l0} - b^2s^p_{l;0}) + b_lb_k(cb^ps_{j0} - b^2s^p_{j;0}) \\ &+ 3b_lb_jb_k(s^p_{0;r}b^r - cs^p_0) = \beta z(x) \end{aligned} \tag{2.4.38}$$

olacak şekilde bir $z(x)$ skaler fonksiyonunun mevcut olması gerektiği görülür. (2.4.38) eşitliği $y^m$ ile türetilip, $b^m$ ile daraltılırsa

$$z(x) = -b_lb_ks^p_{j;r}b^r - b_lb_js^p_{k;r}b^r - b_jb_ks^p_{l;r}b^r$$

elde edilir. $z(x)$ in (2.4.38) da yerine yazılması ve elde edilen denklemin $b^jb^kb^l$ ile daraltılmasıyla da

$$s^p_{0;r}b^r - cs^p_0 - s^p_{r;0}b^r = s^p_{0;r}b^r = 0 \tag{2.4.39}$$

bulunur. Buradan $z(x) = 0$ olacağı açıktır ve $z(x) = 0$ için (2.4.38) denkleminin her iki tarafı $a^{jk}$ ile daraltılırsa, $b^2 \neq 0$ için

$$b^pcs_{l0} - b^2s^p_{l;0} - cb_ls^p_0 = 0 \tag{2.4.40}$$

bulunur. (2.4.40) den

$$s^p_{l;k}y^k = s^p_{l;0} = \frac{c}{b^2}\left(b^ps_{l0} - b_ls^p_0\right), \quad s^p_{l;k} = \frac{c}{b^2}\left(b^ps_{lk} - b_ls^p_k\right).$$

Böylece, (2.4.35) te (2.4.37), (2.4.39) ve (2.4.40) kullanılarak (2.4.35),

$$(b_j b_k s_{l0} - 2b_j b_l s_{k0} + b_l b_k s_{j0})\alpha^2 + (y_j b_l s_{k0} - y_l b_k s_{j0} + y_l b_j s_{k0} - y_j b_k s_{l0})\beta = 0 \quad (2.4.41)$$

şekline indirgenmiş olur. Burada $\beta$ yı içermeyen $(b_j b_k s_{l0} - 2b_j b_l s_{k0} + b_l b_k s_{j0})\alpha^2$ terimi için

$$b_j b_k s_{l0} - 2b_j b_l s_{k0} + b_l b_k s_{j0} = \beta g(x) \quad (2.4.42)$$

denirse ve her taraf $y^m$ ile türetilip $b^m$ ile daraltılırsa $g(x) = 0$ olduğu görülür. Buradan $b^2 \neq 0, (n > 2)$ için (2.4.42) nin $a^{jk}$ ile daraltılması sonucunda da

$$s_{kl} = 0 \quad (2.4.43)$$

elde edilir. Buna göre, skaler flag eğrilikli bir Kropina uzayının genelleştirilmiş Douglas metrikli olması için gerek koşul $s_{kl} = 0$ olmasıdır. Tersine olarak, skaler flag eğrilikli bir Kropina uzayı için $s_{kl} = 0$ olduğunu varsayalım. Bu durumda $s_l = s_{kl} b^k = 0, \ s_0 = s_l y^l = 0$ ve

$$D^i_{jkl} = \frac{\partial^3}{\partial y^j \partial y^k \partial y^l}\left[F\left(\frac{s_0 b^i - b^2 s^i_0}{2b^2}\right)\right] = 0$$

olduğundan uzay bir Douglas uzayı ve dolayısıyla, genelleştirilmiş Douglas uzayıdır. □

## 2.5 $Z-$Projektrif Finsler Uzayları

$\sigma : F \to \widetilde{F}$ metrik dönüşümü aynı bir $M$ manifoldu üzerinde bulunan herhangi iki Finsler uzayının metrikleri arasında tanımlanan bir projektif dönüşüm olsun. $M$ manifoldu üzerinde bu dönüşüme ait birinci dereceden $y-$homojen $P(x, y)$ projektif çarpanı

$$P_{|i} - PP_i = 0, \quad \left(P_i = \frac{\partial P}{\partial y^i},\ P_{|i} = \frac{\partial P}{\partial x^i} - G^r_{_F i}\frac{\partial P}{\partial y^r}\right) \quad (2.5.1)$$

denklemlerini sağlıyorsa $\sigma$ projektif dönüşümüne $Z-$projektif dönüşüm adı verilir[23]. Burada "$|$", $F$ Finsler metriğinin $B\Gamma(G^i_{_F jk}, G^i_{_F j}, 0)$ Berwald konneksiyonuna göre yatay kovaryant türevini göstermektedir.

### 2.5.1 $Z-$Projektiflik Koşulu Altında İnvaryant Kalan Büyüklükler

Herhangi iki Finsler uzayı arasında tanımlanan projektif dönüşüm altında invaryant kalan iki önemli büyüklük Douglas tensörü ve Weyl tensörüdür. Bu kısımda, Douglas ve Weyl tensöründen farklı olan ve $Z-$projektif dönüşüm altında invaryant kalan büyüklükler incelenmiştir.

**Teorem 2.5.1.** *$Z-$projektif dönüşüm altında Finsler uzayının Riemann eğriliğinin invaryant kalması için gerek ve yeter koşul*

$$P_{|k} - P_{k|0} = 0, \qquad P_{k|0} = P_{k|l}y^l. \tag{2.5.2}$$

**İspat 2.5.1.** Herhangi iki Finsler uzayı arasında tanımlanan $Z-$projektif dönüşüm altında iki uzayın Riemann eğriliklerini gösteren $R^i_k$ ve $\widetilde{R}^i_k$ için

$$\widetilde{R}^i_k = R^i_k$$

olsun. (1.8.10), (2.5.1) ve $P$ nin $1.$ dereceden homojen olmasından dolayı

$$(PP_k - P_{k|0})y^i - (P_{|0} - P^2)\delta^i_k = 0$$

ve $P_{|0} - P^2 = (P_{|k} - PP_k)y^k = 0$ olduğundan

$$P_{|k} - P_{k|0} = 0$$

bulunur. Tersine olarak, (2.5.2) koşulu altında (1.8.10) dan

$$\begin{aligned} \widetilde{R}^i_k &= R^i_k + (2P_{|k} - P_{k|0} - PP_k)y^i - (P_{|0} - P^2)\delta^i_k \\ &= R^i_k + (P_{|k} - P_{k|0})y^i \\ &= R^i_k. \end{aligned}$$

Buna göre $Z-$projektif dönüşüm altında ve (2.5.2) koşulunun sağlanması halinde iki uzayın Riemann eğrilikleri invaryant kalır. □

**Teorem 2.5.2.** *$Z-$projektif dönüşüm altında Finsler uzayının $R^i_{ljk}$, $R-$eğrilik tensörü invaryanttır.*

**İspat 2.5.2.** Herhangi bir projektif dönüşüm altında $F$ ve $\widetilde{F}$ metrikli iki Finsler uzayın sprey katsayıları arasındaki ilişki $G^i_{\widetilde{F}} = G^i_F + Py^i$ ilişkisi yardımıyla

$$
\begin{aligned}
G^i_{\widetilde{F}j} &= G^i_{\widetilde{F}j} + y^i P_j + P\delta^i_j \\
G^i_{\widetilde{F}jk} &= G^i_{\widetilde{F}jk} + y^i P_{jk} + P_j\delta^i_k + P_k\delta^i_j \\
\dot{\partial}_l G^i_{\widetilde{F}kr} = G^i_{\widetilde{F}krl} &= G^i_{\widetilde{F}krl} + y^i P_{krl} + \delta^i_k P_{rl} + \delta^i_r P_{kl} + \delta^l_k P_{kr}
\end{aligned} \tag{2.5.3}
$$

bulunur. Burada $P_i = \dot{\partial}_i P$ ve $P_{ij} = \dot{\partial}_j P_i$ dir. (2.3.1) ve (2.5.3) den $\widetilde{F}_n$ Finsler uzayının $R-$eğrilik tensörü

$$
\begin{aligned}
R^i_{\widetilde{F}ljk} &= \partial_k G^i_{\widetilde{F}jl} - \partial_j G^i_{\widetilde{F}kl} - G^r_{\widetilde{F}k}\dot{\partial}_l G^i_{\widetilde{F}jr} + G^r_{\widetilde{F}j}\dot{\partial}_l G^i_{\widetilde{F}kr} + G^i_{\widetilde{F}kr}G^r_{\widetilde{F}jl} - G^i_{\widetilde{F}jr}G^r_{\widetilde{F}kl} \\
&= R^i_{Fljk} + y^i\dot{\partial}_l\Sigma_{jk} + \delta^i_l\Sigma_{jk} + \delta^i_j\dot{\partial}_l\Sigma_k - \delta^i_k\dot{\partial}_l\Sigma_j
\end{aligned} \tag{2.5.4}
$$

şeklindedir. Burada $\Sigma_i = P_{|i} - PP_i$, $\Sigma_{jk} = P_{j|k} - P_{k|j} = \dot{\partial}_j\Sigma_k - \dot{\partial}_k\Sigma_j$ ve $Z-$projektiflik koşulu altında $\Sigma_i = 0$ ve $\Sigma_{jk} = 0$ olduğundan, $R-$eğrilik tensörü $Z-$projektif dönüşüm altında invaryanttır. □

## 2.5.2 $Z-$Projektif Kropina Uzayları

**Yardımcı Teorem 2.5.1.** *[8]: $F_n(n > 2)$ Kropina uzayının zayıf Berwald olması için gerek ve yeter koşul $r_{00} = c(x)\alpha^2$ olmasıdır. Burada $c = c(x)$, $x$ in skaler bir fonksiyonudur.*

**İspat 2.5.1.** $F_n$ Kropina ve $\alpha$ Riemann uzaylarına ait sprey katsayıları, sırasıyla, $G_F$ ve $G_\alpha$ olmak üzere aralarındaki ilişki

$$
\begin{aligned}
G^i_F &= G^i_\alpha + B^i \\
&= \frac{1}{2}\Gamma^i_{jk}y^j y^k - Py^i + \Omega^i
\end{aligned} \tag{2.5.5}
$$

$$
P = \frac{\alpha^2 s_0 + \beta r_{00}}{\alpha^2 b^2}, \quad \Omega^i = -\frac{\alpha^2}{2\beta}s^i_0 + \frac{\alpha^2 s_0 + \beta r_{00}}{2\beta b^2}b^i
$$

şeklindedir. Bir $F_n$ Finsler uzayının, zayıf Berwald uzayı olması durumunda, $G^i_{Fjki} = 0$ veya $B^i_i$, $1-$formdur.

Kropina uzayının $B^i$ katsayıları

$$B^i = -\frac{\alpha^2}{2\beta}s^i_0 - (\alpha^2 s_0 + \beta r_{00})\left(\frac{y^i}{\alpha^2 b^2} - \frac{b^i}{2\beta b^2}\right)$$

şeklindedir ve bu katsayıların $y^i$ ye göre türevi

$$B^i_i = -(n+1)\frac{\beta r_{00}}{\alpha^2 b^2} + \frac{r_0}{b^2} - \frac{n s_0}{b^2}, \qquad \alpha^2 \not\equiv 0 \; mod \; \beta$$

olur. Burada $B^i_i$ nin $1-$form olması için $r_{00} = c(x)\alpha^2$ olmalıdır. Tersine olarak, $r_{00} = c(x)\alpha^2$ ise $B^i_i = -\frac{n}{b^2}(s_0 + \beta c(x))$ ifadesi $1-$form olduğundan $F_n$ Kropina uzayı zayıf Berwald uzayıdır. □

**Yardımcı Teorem 2.5.2.** *[8]: $F_n$ $(n > 2)$ Kropina uzayının Berwald olması için gerek ve yeter koşullar*

$$r_{ij} = c(x)a_{ij} \text{ ve } s_{ij} = \frac{s_j b_i - s_i b_j}{b^2}. \tag{2.5.6}$$

**İspat 2.5.2.** $F_n$ Kropina uzayı bir Berwald uzayı olsun. Bu durumda $G^i_{F jkl} = 0$ dır. Bir Berwald uzayı aynı zamanda zayıf Berwald uzayı olduğundan Yardımcı Teorem 2.5.1 gereğince, $F_n$ için

$$r_{00} = c(x)\alpha^2 \tag{2.5.7}$$

dır. $F_n$ Kropina uzayının $G^i_F$ sprey katsayılarında (2.5.7) kullanılırsa

$$\begin{aligned} G^i_F &= \frac{1}{2}\Gamma^i_{jk}(x)y^j y^k - Py^i + \Omega^i \\ &= \left(G^i_\alpha - \frac{s_0}{b^2}y^i - \frac{c\beta}{b^2}y^i + \frac{c\alpha^2}{2b^2}b^i\right) - \frac{\alpha^2}{2\beta b^2}(s^i_0 b^2 - b^i s_0) \end{aligned}$$

bulunur. Burada $-\frac{\alpha^2}{2\beta b^2}(s^i_0 b^2 - b^i s_0)$ ifadesinin $s^i_0 b^2 - b^i s_0$ çarpanı

$$s^i_0 b^2 - b^i s_0 = \beta u^i(x), \quad u^i(x), x \text{ in skaler bir fonksiyonu} \tag{2.5.8}$$

formunda olmalıdır. (2.5.8) nın her iki tarafının $y^j$ ye göre türevi alınır ve elde edilen eşitliğin her iki tarafı $b^j$ ile daraltılırsa, sırasıyla,

$$s^i_j b^2 - b^i s_j = b_j u^i \qquad (2.5.9)$$

ve

$$-s^i b^2 = b^2 u^i$$

veya

$$u^i = -s^i, \quad b^2 \neq 0 \qquad (2.5.10)$$

bulunur. (2.5.10), (2.5.9) da yazılarak,

$$s^i_j b^2 - b^i s_j = -s^i b_j \qquad (2.5.11)$$

veya

$$s^i_j = \frac{b^i s_j - b_j s^i}{b^2}$$

ve her iki tarafın $a_{im}$ ile daraltılmasıyla

$$s_{mj} = \frac{b_m s_j - b_j s_m}{b^2}$$

elde edilir. Tersine olarak, $r_{00} = c(x)\alpha^2$ ve $s_{ij} = \dfrac{s_j b_i - s_i b_j}{b^2}$ ise,

$$G^i_{_F} = \frac{1}{2}\Gamma^i_{jk}(x) y^j y^k - P y^i + \Omega^i$$
$$G^i_{_F} = G^i_{_\alpha} + \frac{1}{2b^2}\left(s^i - c(x) b^i\right)\alpha^2 - \frac{1}{2b^2}\left(2s_0 + c(x)\beta\right) y^i$$

elde edilir. Buna göre, $G^i_{_F} = \dfrac{1}{2}\gamma^i_{jk}(x) y^j y^k$ formunda yazılabileceğinden $F_n$ Kropina uzayı bir Berwald uzayıdır. □

**Teorem 2.5.3.** *Bir $F_n$, $(n > 2)$ Kropina uzayı ile bir $\widetilde{F}_n$ Finsler uzayı arasındaki $\sigma : F \to \widetilde{F}$ projektif dönüşümünün $Z-$projektif olması için gerek ve yeter koşullar*

$$b^2 s^i_0 s_i + \beta s^i s_i = 0,$$

$$r_{00} = c(x)\alpha^2,$$
$$b^2 s_{j|i} - cb_i s_j - s_i s_j + b^2 c s_{ji} - s^r s_r a_{ij} = 0. \quad (2.5.12)$$

*Burada* $c = c(x)$, $b^2 c_{|i} - c^2 b_i - c s_i = 0$ *koşulunu sağlayan türetilebilir bir fonksiyondur.*

**İspat 2.5.3.** Bir Kropina uzayı ile Riemann uzayının sprey katsayıları arasındaki ilişki

$$G^i_{F} = G^i_{\alpha} - Py^i + \Omega^i. \quad (2.5.13)$$

Burada $\widetilde{F}_n$ Finsler uzayının sprey katsayıları

$$\begin{aligned} G^i_{\widetilde{F}} &= G^i_{\alpha} + \Omega^i \\ &= G^i_{\alpha} - \frac{\alpha^2}{2\beta} s^i_0 + \frac{\alpha^2 s_0 + \beta r_{00}}{2\beta b^2} b^i \end{aligned} \quad (2.5.14)$$

olarak yazılırsa, (2.5.13) denklemi

$$G^i_{\widetilde{F}} = G^i_{F} + Py^i$$

şeklini alır. Bu ilişki $F$ ve $\widetilde{F}$ arasında bir projektif dönüşüm tanımlar. $\sigma : F \to \widetilde{F}$ projektif dönüşümü $Z-$projektif olsun. Bu durumda $P(x,y)$ projektif çarpanı

$$P_{|i} - PP_i = 0 \quad (2.5.15)$$

koşulunu sağlar. Burada projektif çarpan

$$P(x,y) = \frac{\alpha^2 s_0 + \beta r_{00}}{\alpha^2 b^2}.$$

Projektif çarpanın bu değeri dikkate alınarak, (2.5.15) de

$$P_{|i} = \frac{\partial P}{\partial x^i} - G^r_{Fi} \frac{\partial P}{\partial y^r}$$

ve

$$P_i = \frac{\partial P}{\partial y^i}$$

yerine yazılırsa

$$
\begin{aligned}
&4r_{00}\beta^4\left\{2\alpha^2 r_{i0} - y_i r_{00}\right\} + 2\beta^3\alpha^2\left\{\left[-2r_{00}r_i + b^2 r_{00|i} + 2r_{i0}(s_0 - r_0)\right]\alpha^2 + b_i r_{00}^2\right\} \\
&+ 2\beta^2\alpha^4\left\{\left[b^2 s_{0|i} - s_i(r_0 + s_0) + b^2 s_i^r r_{r0} - 2s_0 r_i\right]\alpha^2 + 2y_i(b^2 s_0^r r_{r0} - s_0 r_0)\right\} \\
&+ \beta\alpha^6\left\{\alpha^2 b^2 s_i^r s_r - 2b^2 b_i s_0^r r_{r0} + 2b^2 y_i s_0^r s_r + 2b_i s_0 r_0\right\} - \alpha^8 b^2 b_i s_0^r s_r = 0 \quad (2.5.16)
\end{aligned}
$$

dokuzuncu dereceden polinom denklemleri elde edilir. Bu denklemler

$$
A_5\beta^4 + A_4\beta^3\alpha^2 + A_3\beta^2\alpha^4 + A_2\beta\alpha^6 + A_1\alpha^8 = 0 \quad (2.5.17)
$$

yapısındadır. Burada katsayılar

$$
\begin{aligned}
A_5 &= 4r_{00}(2\alpha^2 r_{i0} - y_i r_{00}), \\
A_4 &= 2\left[\left(-2r_{00}r_i + b^2 r_{00|i} + 2r_{i0}(s_0 - r_0)\right)\alpha^2 + b_i r_{00}^2\right], \\
A_3 &= 2\left[\left(b^2 s_{0|i} - s_i(r_0 + s_0) + b^2 s_i^r r_{r0} - 2s_0 r_i\right)\alpha^2 + 2y_i(b^2 s_0^r r_{r0} - s_0 r_0)\right], \\
A_2 &= \alpha^2 b^2 s_i^r s_r - 2b^2 b_i s_0^r r_{r0} + 2b^2 y_i s_0^r s_r + 2b_i s_0 r_0, \\
A_1 &= -b^2 b_i s_0^r s_r.
\end{aligned}
$$

Bu denklemlerde $\beta$ yı içermeyen $A_1 = -b^2 b_i s_0^r s_r$ terimi için

$$
b_i b^2 s_0^r s_r = \beta f_i(x) \quad (2.5.18)
$$

olacak şekilde bir $f_i(x)$ skaler fonksiyonu mevcut olmalıdır. (2.5.18) in her iki tarafı $y^j$ ye göre türetilir ve elde edilen denklemin her iki tarafı $b^j$ ile daraltılırsa

$$
f_i(x) = -b_i s^r s_r
$$

ve $f_i(x)$ in (2.5.18) da yerine yazılmasıyla,

$$
b_i(b^2 s_0^r s_r + \beta s^r s_r) = 0
$$

veya $b^2 \neq 0$ için

$$
b^2 s_0^r s_r + \beta s^r s_r = 0 \quad (2.5.19)
$$

bulunur. Diğer taraftan, (2.5.19), (2.5.17) de yerine yazılır ve $\beta$ yı içermeyen terimler $A_2 + A_1 = -2b^2 b_i s_0^r r_{r0} + 2b_i s_0 r_0$ dikkate alınırak

$$
b_i(s_0 r_0 - b^2 s_0^r r_{r0}) = \beta u_{i1} \quad (2.5.20)
$$

eşitliğinin sağlanması gerektiği görülür. Burada $u_{i1} = u_{ij}(x)y^j$ dir. (2.5.20) in her iki tarafı $y^j$ ve $y^k$ ya göre türetilir ve elde edilen denklem $b^j$ ve $b^k$ ile daraltılırsa, sırasıyla,

$$b_i s_j r_k b^k - b_i b^2(-r_{jr}s^r + r_r s^r_j) = b_j u_{ik} b^k + b^2 u_{ij} \tag{2.5.21}$$

ve

$$b_i s^r r_r = u_{ir} b^r \tag{2.5.22}$$

denklemleri bulunur. (2.5.22) ün (2.5.21) de yerine yazılması ile

$$\begin{aligned} u_{ij}(x) &= \frac{b_i}{b^2}\left[s_j r_r b^r - b_j s^r r_r + b^2(r_{jr}s^r - s^r_j r_r)\right], \\ u_{i1} = u_{ij}(x)y^j &= \frac{b_i}{b^2}\left[s_0 r_r b^r - \beta s^r r_r + b^2(r_{0r}s^r - s^r_0 r_r)\right] \end{aligned} \tag{2.5.23}$$

ve (2.5.20) in kullanılması ile de

$$u_{i1}b^i = s_0 r_r b^r - \beta s^r r_r + b^2(r_{0r}s^r - s^r_0 r_r)$$

elde edilir. Buna göre (2.5.17) denklemi

$$\begin{aligned} &\alpha^6\Big\{b^2 s_{0|i} - s_i(r_0 + s_0) + b^2 s^r_i r_{r0} - 2s_0 r_i - s^r s_r y_i + \frac{b_i}{b^2}\Big[s_0 r_r b^r - \beta s^r r_r \\ &+ b^2(r_{0r}s^r - s^r_0 r_r)\Big]\Big\} + \alpha^4\beta\Big\{ - 2r_{00}r_i + b^2 r_{00|i} + 2r_{i0}(s_0 - r_0) - \frac{2}{b^2}y_i\Big[s_0 r_r b^r \\ &- \beta s^r r_r + b^2(r_{0r}s^r - s^r_0 r_r)\Big]\Big\} + \alpha^2\beta r_{00}(4\beta r_{i0} + r_{00}b_i) - 2\beta^2 r^2_{00}y_i = 0 \end{aligned} \tag{2.5.24}$$

şeklini alır. Burada $\beta$ yı içermeyen terim için

$$\begin{aligned} &b^2 s_{0|i} - s_i(r_0 + s_0) + b^2 s^r_i r_{r0} - 2s_0 r_i - s^r s_r y_i \\ &+ \frac{b_i}{b^2}\left[s_0 r_r b^r - \beta s^r r_r + b^2(r_{0r}s^r - s^r_0 r_r)\right] = \beta g_i(x) \end{aligned} \tag{2.5.25}$$

olacağı açıktır. (2.5.25), $y^j$ ye göre türetilir ve elde edilen denklem $b^j$ ile daraltılırsa $g_i(x)$ fonksiyonu

$$g_i(x) = -s^r(s_{ri} + r_{ri}) + s^r_i r_r - \frac{1}{b^2}s_i r_r b^r + \frac{1}{b^2}(2s^r r_r - s^r s_r)b_i \tag{2.5.26}$$

olur. Sonuç olarak, (2.5.24) denklemi $b^i$ ile çarpılır ve $g_i(x)b^i = 0$, $u_{i1}b^i = \frac{b^2}{\beta}(s_0r_0 - b^2s_0^r r_{r0})$ olduğu dikkate alınırsa

$$\alpha^2\{\alpha^4(-s^ir_i) + \alpha^2(b^2b^ir_{00|i} - 2r_{00}r_ib^i - 2r_0^2 + 2b^2s_0^ir_{i0}) + b^2r_{00}^2\}$$
$$= 2\beta r_{00}(\beta r_{00} - 2\alpha^2 r_0) \quad (2.5.27)$$

bulunur.

$\alpha^2 \not\equiv 0 mod\ \beta$ ve $b^2 \neq 0$ olarak kabul edildiği için (2.5.27) in sağ tarafındaki terim $\alpha^2$ nin bir katı olmalıdır. Buna göre, (2.5.27) in gerçeklenmesi için

$$r_{00} = c\alpha^2 \quad (2.5.28)$$

veya

$$r_{00}\beta - 2r_0\alpha^2 = \alpha^2 v_1 \quad (2.5.29)$$

olmalıdır. Burada $v_1 = v_i(x)y^i$ ve $c = c(x)$, $x$ in skaler fonksiyonudur. (2.5.28) ve (2.5.29) nun birbirine eşdeğer olduğu kolayca görülür. Diğer yandan, $r_{00} = c\alpha^2$ ve $b^2s_0^rs_r + \beta s^rs_r = 0$ koşulları, (2.5.16) de yerine yazılır ve gerekli hesaplamalar yapılırsa

$$b^2s_{j|i} - cb_is_j - s_is_j + b^2cs_{ji} - s^rs_ra_{ij} = 0$$

ve $x$ in skaler bir fonksiyonu olan $c(x)$ için $b^2c_{|i} - c^2b_i - cs_i = 0$ bulunur. Buna göre, $\sigma : F \to \widetilde{F}$ projektif dönüşümünün $Z-$projektif olması için gerek koşullar,

$$b^2s_0^rs_r + \beta s^rs_r = 0, \quad r_{00} = c\alpha^2$$

ve

$$b^2s_{j|i} - cb_is_j - s_is_j + b^2cs_{ji} - s^rs_ra_{ij} = 0$$

denklemlerinin sağlanmasıdır. Burada $c(x)$, $b^2c_{|i} - c^2b_i - cs_i = 0$ koşulunu sağlayan skaler bir fonksiyondur.

Tersine olarak, (2.5.12) koşulları $P_{|i} - PP_i$ de yerine yazılırsa $P_{|i} - PP_i = 0$ bulunur. Böylece teorem ispatlanmış olur. □

Buna göre, Yardımcı Teorem 2.5.1 ile aşağıdaki sonuç elde edilir.

**Sonuç 2.5.1.** *$\sigma : F \to \widetilde{F}$ projektif dönüşümünün $Z-$projektif olması için gerek ve yeter koşullar $F_n$ Kropina uzayının*

$$b^2 s_0^r s_r + \beta s^r s_r = 0$$

*ve*

$$b^2 s_{j|i} - cb_i s_j - s_i s_j + b^2 c s_{ji} - s^r s_r a_{ij} = 0$$

*koşullarını sağlayan zayıf Berwald uzayı olmasıdır. Burada $c = c(x)$ skaler fonksiyonu $b^2 c_{|i} - c^2 b_i - c\, s_i = 0$ koşulunu sağlar.*

**Teorem 2.5.4.** *Bir $F_n\,(n > 2)$ Kropina uzayı ile bir $\widetilde{F}_n$ Berwald uzayının projektif ilişkili olması için gerek ve yeter koşul Kropina uzayının Douglas uzayı olmasıdır.*

**İspat 2.5.3.** $\sigma : F \to \widetilde{F}$ dönüşüm bir projektif dönüşüm olsun. Bu taktirde sprey katsayıları arasındaki ilişki

$$G^i_{\widetilde{F}} = G^i_F + Py^i \tag{2.5.30}$$

şeklindedir. $\widetilde{F}_n$ Finsler uzayı bir Berwald uzayı olduğundan bu uzayın $G^i_{\widetilde{F}}$ sprey katsayıları $y^i$ ye göre ikinci dereceden polinom şeklinde olmalıdır. Burada $G^i_{\widetilde{F}}$ (2.2.8) ten

$$\begin{aligned} G^i_{\widetilde{F}} &= G^i_\alpha + \Omega^i \\ &= G^i_\alpha - \frac{\alpha^2}{2\beta b^2}\left(b^2 s^i_0 - s_0 b^i\right) + \frac{r_{00}}{2b^2} b^i \end{aligned} \tag{2.5.31}$$

dir. (2.5.31) nin $y^i$ ye göre kuadratik yapıda olması için,

$$b^2 s^i_0 - s_0 b^i = \beta v^i(x) \tag{2.5.32}$$

eşitliğini gerçekleyen bir $v^i(x) = a^{il} v_l(x)$ skaler fonksiyonunun bulunması gerekir. (2.5.32) den $y^j$ ye göre türev alınır ve elde edilen denklemin her iki tarafı $b^j$ ile daraltılırsa, sırasıyla,

$$b^2 s^i_j - s_j b^i = b_j v^i$$

ve

$$b^2(s^i + v^i) = 0 \tag{2.5.33}$$

bulunur. $b^2 \neq 0$ için (2.5.32) ve (2.5.33) ten

$$s_{ij} = \frac{s_j b_i - s_i b_j}{b^2} \tag{2.5.34}$$

bulunur. Bu koşul M.Matsumoto'ya göre Kropina uzayının bir Douglas uzayı olduğunu gösterir[25].

Tersine olarak, $F_n$ Kropina uzayı bir Douglas uzayı olsun. Bir Kropina uzayının bir Douglas uzayı olması için gerek ve yeter koşul olan (2.5.34) ve (2.5.34) in $y^j$ ile daraltılmasıyla elde edilen

$$s_{i0} = \frac{s_0 b_i - \beta s_i}{b^2} \quad \text{veya} \quad s^i_0 = \frac{s_0 b^i - \beta s^i}{b^2}$$

Yardımcı Teorem 2.2.1 de verilen (2.2.7) te yerine yazılırsa

$$\begin{aligned} G^i_{F} &= G^i_{\alpha} - Py^i + \Omega^i \\ &= G^i_{\alpha} + \frac{\alpha^2 s^i}{2b^2} + \frac{r_{00} b^i}{2b^2} - Py^i \end{aligned} \tag{2.5.35}$$

bulunur. Burada $G^i_{\widetilde{F}}$ sprey katsayıları için

$$G^i_{\widetilde{F}} = G^i_{\alpha} + \frac{\alpha^2 s^i}{2b^2} + \frac{r_{00} b^i}{2b^2} \tag{2.5.36}$$

alınarak (2.5.35) ten, $F_n$ Kropina uzayının, sprey katsayıları (2.5.36) ile verilen bir $\widetilde{F_n}$ Berwald uzayı ile projektif ilişkili olduğunu gösteren

$$G^i_{\widetilde{F}} = G^i_{F} + Py^i$$

bağıntısı elde edilir. □

**Sonuç 2.5.2.** *Bir Kropina uzayı ile bir Berwald uzayı projektif ilişkili iseler Kropina uzayı genelleştirilmiş Douglas uzayıdır.*

**İspat 2.5.2.** $\sigma : F \to \widetilde{F}$ bir $F_n$ Kropina uzayı ile bir $\widetilde{F}_n$ Berwald uzayının $F$ ve $\widetilde{F}$ metrikleri arasında projektif bir dönüşüm olsun. Her Berwald uzayı bir genelleştirilmiş Douglas uzayı olduğundan ve genelleştirilmiş Douglas uzayı olma koşulu projektif dönüşüm altında kapalı olduğundan $F_n$ Kropina uzayı da bir genelleştirilmiş Douglas uzayıdır. □

## 2.6 $D-$Rekürant Finsler Uzayları

Bir $F_n$ Finsler uzayına ait Douglas tensörü

$$D^i_{jkl|m}y^m = \phi(x,y)D^i_{jkl} \tag{2.6.1}$$

koşulunu sağlıyorsa uzay $D-$rekürant bir uzaydır. Burada $\phi(x,y)$ birinci dereceden $y$ homojen bir fonksiyondur[23] ve "|", $F$ metriğinin Berwald konneksiyonuna göre kovaryant türevini göstermektedir.

### 2.6.1 Genelleştirilmiş Douglas Metrikli $D-$Rekürant Kropina Uzayları

**Teorem 2.6.1.** *$D-$rekürant bir $F_n$ $(n > 2)$ Kropina uzayının genelleştirilmiş Douglas metrikli olması için gerek ve yeter koşul*

$$s_{lk} = \frac{1}{b^2}(b_l s_k - b_k s_l). \tag{2.6.2}$$

**İspat 2.6.1.** $D-$rekürant $F_n$ Kropina uzayı genelleştirilmiş Douglas metrikli olsun. Bu durumda

$$h^p_i D^i_{jkl|m}y^m = h^p_i\phi(x,y)D^i_{jkl} = 0 \tag{2.6.3}$$

ve $\phi(x,y) \neq 0$ için

$$h^p_i D^i_{jkl} = 0 \tag{2.6.4}$$

(2.6.4) in her iki tarafı $y_p$ ile daraltılır ve (2.2.18) kullanılırsa

$$h^p_i y_p D^i_{jkl} = (\delta^p_i - \frac{y^p}{F}F_{y^i})y_p D^i_{jkl}$$

$$= \Big[y_i - \beta(\frac{2y^i}{\beta} - \frac{F}{\beta}b_i)\Big]D^i_{jkl}$$
$$= (Fb_i - y_i)D^i_{jkl}$$
$$= (Fb_i - y_i)\Big[A^i_m(y^m F_{jkl} + F_{jk}\delta^m_l + F_{jl}\delta^m_k + F_{kl}\delta^m_j)\Big]$$
$$= -y_i\Big[A^i_m(y^m F_{jkl} + F_{jk}\delta^m_l + F_{jl}\delta^m_k + F_{kl}\delta^m_j)\Big]$$
$$= -\frac{1}{2b^2}(s_m\beta + b^2 s_{m0})\Big(y^m F_{jkl} + \delta^m_j F_{kl} + \delta^m_k F_{jl} + \delta^m_l F_{kj}\Big)$$
$$= 0 \qquad (2.6.5)$$

elde edilir. Burada $F_{jkl}, F_{jk}$ terimleri $F$ Kropina metriğinin $y$ ye göre kısmi türevleridir ve

$$A^i_m(x) = \frac{s_m b^i - b^2 s^i_m}{2b^2}.$$

(2.6.5) gerekli hesaplamalar yapılarak,

$$\big\{\beta\,[s_l b_j b_k + s_k b_l b_j + s_j b_k b_l] + b^2(s_{l0}b_j b_k + s_{k0}b_l b_j + s_{j0}b_k b_l) - 3s_0 b_j b_k b_l\big\}\,\alpha^2$$
$$+ \beta^3\,[s_j a_{kl} + s_l a_{jk} + s_k a_{lj}] + \beta^2\,[-s_0(a_{jk}b_l + a_{lj}b_k + b_j a_{kl}) - s_l(y_j b_k + y_k b_j)$$
$$-s_k(y_l b_j + y_j b_l) - s_j(y_l b_k + y_k b_l) + b^2(s_{j0}a_{kl} + s_{l0}a_{jk} + s_{k0}a_{lj})] + \beta\,[2s_0(y_j b_l b_k$$
$$+y_k b_l b_j + y_l b_j b_k) - b^2\,(s_{l0}(y_j b_k + y_k b_j) + s_{k0}(y_l b_j + y_j b_l) + s_{j0}(y_l b_k + y_k b_l))]$$
$$= 0 \qquad (2.6.6)$$

şekline indirgenir. (2.6.6) ifadesinin $b^j b^k$ ile daraltılması sonucunda

$$b^2(\alpha^2 b^2 - \beta^2)\,\big(b^2 s_{l0} - s_0 b_l + s_l\beta\big) = 0 \qquad (2.6.7)$$

bulunur. $\alpha^2 b^2 - \beta^2 = 0$ olması durumunda $\alpha^2 \equiv 0 \mod \beta$ olacağından Yardımcı Teorem 2.2.2 den $n = 2$ olmalıdır. $n > 2$ için $\alpha^2 b^2 - \beta^2 \not\equiv 0$ dır. Bu durumda $(n > 2)$ veya $b^2 \neq 0$ için (2.6.7) denkleminden

$$b^2 s_{l0} - s_0 b_l + s_l\beta = 0$$

veya

$$s_{kl} = \frac{1}{b^2}(s_l b_k - s_k b_l)$$

elde edilir.

Tersine olarak, (2.6.2) koşulunun sağlanması halini ele alalım. Matsumoto [25] ya göre bir Kropina uzayının Douglas uzayı olması için gerek ve yeter koşul (2.6.2) koşulunun sağlanması ve her Douglas uzayının genelleştirilmiş Douglas uzayı olmasından dolayı

$$h_i^p D^i_{jkl|m} y^m = 0$$

bulunur. Sonuç olarak, $D-$rekürant ve (2.6.2) koşulunu sağlayan bir $F$ Finsler metriği genelleştirilmiş Douglas metriğidir. Böylece iki yönlü ispat yapılmış olur. □

**Sonuç 2.6.1.** *$D-$rekürant bir $F_n\,(n > 2)$ Kropina uzayı için $r_{00} = c(x)\alpha^2$ koşulu altında aşağıdaki durumlar eşdeğerdir:*

*(1) $F_n$ bir Berwald uzayıdır,*

*(2) $F_n$ bir genelleştirilmiş Douglas uzayıdır,*

*(3) $F_n$ için $s_{kl} = \dfrac{s_l b_k - s_k b_l}{b^2}$,*

*(4) $F_n$ bir Douglas uzayıdır.*

**İspat 2.6.1.**

(1) $F_n$ bir Berwald uzayı olsun. Her Berwald uzayı bir Douglas ve her Douglas uzayı bir genelleştirilmiş Douglas uzayı olduğundan $1) \Rightarrow 2)$.

(2) $F_n$ bir genelleştirilmiş Douglas uzayı olsun. Teorem 2.6.1 den

$$s_{kl} = \frac{s_l b_k - s_k b_l}{b^2}$$

dır. Böylece $2) \Rightarrow 3)$.

(3) Matsumoto [25] ya göre $s_{kl} = \dfrac{s_l b_k - s_k b_l}{b^2}$ koşulu bir Kropina uzayının bir Douglas uzayı olması için gerek ve yeter koşuldur. Buna göre $3) \Rightarrow 4)$.

(4) $F_n$ bir Douglas uzayı olsun. Hipotez gereğince $r_{00} = c(x)\,\alpha^2$ olduğundan Yardımcı Teorem 2.5.2 gereğince uzay Berwald uzayıdır. Buna göre $4) \Rightarrow 1)$ dir.

(5) $F_n$ için $s_{kl} = \dfrac{s_l b_k - s_k b_l}{b^2}$ olsun. $r_{00} = c(x)\alpha^2$ olduğundan Yardımcı Teorem 2.5.2 gereğince uzay bir Berwald uzayıdır. Sonuç olarak $3) \Rightarrow 1)$.

(6) $F_n$ bir genelletirilmiş Douglas uzayı olsun. Teorem $2.5.1.1$ den ve hipotez gereğince uzayın bir Berwald uzayı olduğu açıktır. Buna göre $2) \Rightarrow 1)$ dir. Böylece ispat tamamlanmış olur.

□

# Bölüm 3
# Kropina Dönüşümleri

## 3.1 Finsler Uzaylarında Kropina Dönüşümleri

$F^*_n$ Finsler uzayının $F^* = F^*(x,y)$ metrik fonksiyonu ile $F_n$ Finsler uzayının $F = F(x,y)$ metrik fonksiyonu arasındaki ilişki

$$F^*(x,y) = \frac{F^2(x,y)}{\beta(x,y)} \tag{3.1.1}$$

şeklinde tanımlı ise $\rho : F \to F^*$ dönüşümüne Kropina dönüşümü adı verilir [26]. Burada $\beta = \beta(x,y) = b_i(x)y^i$ diferansiyel $1-$formdur. Eğer (3.1.1) dönüşümünde $F$ Finsler metriği $\alpha$ Riemann metriği olarak alınırsa, $F^*$ Kropina uzayının metrik fonksiyonuna indirgenir.

$F^*_n$ Finsler uzayının metrik tensörünün $g^*_{ij}$ kovaryant bileşenleri ile $g^{*ij}$ kontravaryant bileşenleri ve $h^*_{ij}$ açısal metrik tensörü, sırasıyla,

$$g^*_{ij} = 2\beta^{-2}F^2(g_{ij} + 2l_il_j) - 4\beta^{-3}F^3(l_ib_j + l_jb_i) + 3\beta^{-4}F^4b_ib_j, \tag{3.1.2}$$

$$\begin{aligned} g^{*ij} =& \beta^2F^{-2}\left\{2^{-1}(g^{ij} - b^{-2}b^ib^j) + (1 - 2\beta^2F^{-2}b^{-2})l^il^j\right\} \\ &+ \beta^3F^{-3}b^{-2}(l^ib^j + l^jb^i) \end{aligned} \tag{3.1.3}$$

ve

$$\begin{aligned} h^*_{ij} &= g^*_{ij} - l^*_il^*_j = F^*\dot{\partial}_i\dot{\partial}_jF^* \\ &= 2\beta^{-2}F^2(h_{ij} + l_il_j) - 2\beta^{-3}F^3(l_ib_j + l_jb_i) + 2\beta^{-4}F^4b_ib_j \end{aligned} \tag{3.1.4}$$

şeklindedir[26]. Burada $l_i = \dot{\partial}_iF$, $h_{ij} = g_{ij} - l_il_j = F\dot{\partial}_i\dot{\partial}_jF$, $b^2 = g^{ij}b_ib_j$, $b^i = g^{ij}b_j$, $l^i = g^{ij}l_j$ ve $(g^{ij}) = (g_{ij})^{-1}$ dır.

$F$ ve $F^*$ metriklerinin $G^i_{F}$ ve $G^i_{F^*}$ sprey katsayıları arasındaki ilişki

$$G^i_{F^*} = \frac{1}{4}g^{*ij}\left[(F^{*2})_{x^ky^j}y^k - (F^{*2})_{x^j}\right]$$

$$
\begin{aligned}
=&\frac{1}{4}g^{*ij}\left[\left(\frac{F^4}{\beta^2}\right)_{x^k y^j}y^k-\left(\frac{F^4}{\beta^2}\right)_{x^j}\right]\\
=&\frac{1}{4}\beta^3F^{-3}b^{-2}\Big\{\beta^{-1}Fb^2[2^{-1}(g^{ij}-b^{-2}b^ib^j)+(1-2\beta^2F^{-2}b^{-2})l^il^j]\\
&+(l^ib^j+l^jb^i)\Big\}\cdot\left[\left(\frac{F^4}{\beta^2}\right)_{x^k y^j}y^k-\left(\frac{F^4}{\beta^2}\right)_{x^j}\right]\\
=&G^i_{_F}+\left[\frac{\beta}{Fb^2}(F_{x^ky^j}y^k-F_{x^j})b^j-\frac{1}{2b^2}(\beta_{x^ky^j}y^k-\beta_{x^j})b^j-\frac{\beta}{F^2b^2}\beta_{x^k}y^k\right.\\
&\left.+\frac{\beta^2}{F^3b^2}F_{x_k}y^k\right]y^i+\left[-\frac{F}{2b^2}(F_{x^ky^j}y^k-F_{x^j})b^j+\frac{F^2}{4\beta b^2}(\beta_{x^ky^j}y^k-\beta_{x^j})b^j\right.\\
&\left.+\frac{1}{2b^2}\beta_{x^k}y^k-\frac{\beta}{2Fb^2}F_{x_k}y^k\right]b^i-\frac{F^2}{4\beta}g^{ij}(\beta_{x^ky^j}y^k-\beta_{x^j}) \qquad (3.1.5)
\end{aligned}
$$

şeklindedir.

Bundan sonra ispat edilecek bazı teoremlerin ispatının daha iyi anlaşılabilmesi amacıyla, [1, 4] de verilen aşağıdaki yardımcı teoremin ispatını tekrar vereceğiz:

**Yardımcı Teorem 3.1.1.** *[1]: $F=\alpha+\beta$ Randers metriğinin projektif düz olması için gerek ve yeter koşul $\alpha$ Riemann metriğinin projektif düz ve $\beta$, $1-$formunun kapalı olmasıdır.*

**İspat 3.1.1.** Bir $(\alpha,\beta)-$metriğinin $G^i_{_F}$ sprey katsayıları ile $\alpha$ Riemann metriğinin sprey katsayıları arasındaki

$$
\begin{aligned}
G^i_{_F}=&G^i_{_\alpha}+\frac{\alpha\phi'}{\phi-s\phi'}s^i_0+\frac{\phi\phi'-s(\phi\phi''+\phi'\phi')}{2\phi[(\phi-s\phi')+(b^2-s^2)\phi'']}\left(\frac{-2\alpha\phi'}{\phi-s\phi'}s_0+r_{00}\right)\times\\
&\left(\frac{y^i}{\alpha}+\frac{\phi\phi''}{\phi\phi'-s(\phi\phi''+\phi'\phi')}b^i\right)
\end{aligned}
$$

ilişkisinde $\phi=1+s$ alınarak bir Randers metriğinin sprey katsayıları

$$G^i_{_F}=G^i_{_\alpha}+Py^i+\Omega^i \qquad (3.1.6)$$

olarak bulunur. Burada

$$P=\frac{r_{00}}{2F}-\frac{\alpha}{F}s_0,\qquad \Omega^i=\alpha s^i_0$$

dır.

$F = \alpha + \beta$ Randers metriği projektif düz olsun. Bu durumda

$$G^i_{_F} = \tilde{P} y^i \tag{3.1.7}$$

şeklinde olacaktır. (3.1.6) ve (3.1.7) den elde edilen

$$G^i_{_\alpha} + P y^i + \Omega^i = \tilde{P} y^i \tag{3.1.8}$$

eşitliğinin her iki tarafı $y^m$ e göre türetilir ve $i = m$ daraltılması yapılırsa

$$\frac{\partial G^m_{_\alpha}}{\partial y^m} = (n+1)(\tilde{P} - P), \quad \Omega^m_m = (\alpha s^m_0)_m = \frac{y^m}{\alpha} s^m_0 + \alpha s^m_m = 0 \tag{3.1.9}$$

ve (3.1.9) un (3.1.8) de yerine yazılmasıyla da

$$\begin{aligned} \Omega^i &= (\tilde{P} - P) y^i - G^i_{_\alpha} \\ &= \alpha s^i_0 = \frac{1}{n+1} \frac{\partial G^m_{_\alpha}}{\partial y^m} y^i - G^i_{_\alpha} \end{aligned} \tag{3.1.10}$$

bulunur. (3.1.10) eşitliğinin sol tarafında $\alpha s^i_0$, $y$ nin kuadratik fonksiyonu iken sağ tarafı irrasyonel fonksiyonudur. Buna göre,

$$s^i_0 = 0, \qquad \frac{1}{n+1} \frac{\partial G^m_{_\alpha}}{\partial y^m} y^i - G^i_{_\alpha} = 0 \tag{3.1.11}$$

olduğu açıktır. (3.1.11) in ilk denkleminden $\beta$ nın kapalı $1-$form olduğunu gösteren

$$\begin{aligned} s_{ml} &= \frac{1}{2}(b_{m|l} - b_{l|m}), \quad (s^i_m a_{il} = s_{lm}) \\ &= \frac{1}{2}\left(\frac{\partial b_m}{\partial x^l} - \frac{\partial b_l}{\partial x^m}\right) \\ &= 0 \end{aligned}$$

bulunur. Diğer taraftan, (3.1.11) deki ikinci denklemden $\alpha$ nın projektif düz olduğunu gösteren

$$G^i_{_\alpha} = \frac{1}{n+1} \frac{\partial G^m_{_\alpha}}{\partial y^m} y^i = P_\alpha y^i \tag{3.1.12}$$

denklemi elde edilir. (1.7.1) in dikkate alınmasıyla (3.1.12) den $\alpha_{x^k y^j} y^k - \alpha_{x^j} = 0$ olduğu açıktır.

Tersine olarak, eğer $\beta$ kapalı $1-$form ve $\alpha$ metriği projektif düz bir metrik ise, $s_0^i = 0, (\Omega^i = 0)$ ve $G^i_{\alpha} = P_{\alpha} y^i$ olacağından (3.1.6) dan, $F = \alpha + \beta$ Randers metriğinin projekif düz olduğunu gösteren

$$G^i_{F} = \tilde{P} y^i, \quad \tilde{P} = P + P_{\alpha}$$

elde edilir. □

**Teorem 3.1.1.** *$n > 2$ için $F_n$ ve $F_n^*$, sırasıyla, $F$ metrikli bir projektif düz Randers uzayı ve $F^*$ metrikli bir Finsler uzayı olsun. $\rho : F \to F^*$ Kropina dönüşümü altında, $F^*$ Finsler metriğinin projektif düz bir uzay olması için gerek ve yeter koşul*

$$\left(\frac{\alpha}{\beta}\right)_{x^k} y^k = 0 \tag{3.1.13}$$

*olmasıdır.*

**İspat 3.1.1.** Hipotez gereğince, $F = \alpha + \beta$ Randers metriği projektif düz olduğundan sprey katsayıları $G^i_{F} = \widetilde{P} y^i$, $\widetilde{P} = \dfrac{F_{x^k} y^k}{2F}$ şeklindedir ve Yardımcı Teorem 3.1.1 e göre,

$$\alpha_{x^k y^j} y^k - \alpha_{x^j} = 0 \tag{3.1.14}$$

ve

$$s_0^i = 0 \quad \text{veya} \quad \beta_{x^k y^j} y^k - \beta_{x^j} = 0 \tag{3.1.15}$$

dir. (3.1.14) ve (3.1.15) koşulları altında (3.1.5)

$$\begin{aligned} G^i_{F^*} &= G^i_{F} + P y^i + \Omega b^i \\ &= (\widetilde{P} + P) y^i + \Omega b^i \end{aligned} \tag{3.1.16}$$

şeklini alır. Burada,

$$\begin{aligned} P &= \frac{\beta^2}{F^3 b^2} F_{x^k} y^k - \frac{\beta}{F^2 b^2} \beta_{x^k} y^k, \\ &= \frac{\beta}{F^2 b^2} (2\beta \widetilde{P} - \beta_{x^k} y^k), \end{aligned} \tag{3.1.17}$$

$$\Omega = -\frac{\beta}{2Fb^2}F_{x^k}y^k + \frac{1}{2b^2}\beta_{x^k}y^k$$
$$= -\frac{1}{2b^2}(2\beta\widetilde{P} - \beta_{x^k}y^k) \qquad (3.1.18)$$

dır.

$F_n^*$ uzayı projektif düz olsun. Bu durumda $F^*$ metriğinin sprey katsayıları

$$G^i_{F^*} = P^*y^i, \quad P^* = \frac{F^*_{x^k}y^k}{2F^*} = 2\widetilde{P} - \frac{1}{2\beta}\beta_{x^k}y^k \qquad (3.1.19)$$

şeklinde olacağından (3.1.16) den

$$(P^* - \widetilde{P} - P)y^i = \Omega b^i \qquad (3.1.20)$$

yazılır. Bu eşitliğinin her iki tarafının $b_i$ ile daraltılması ve $P^*, \widetilde{P}$ ve $P$ nin değerlerinin yerine yazılması ile

$$\left(1 - \frac{\beta^2}{F^2b^2}\right)\left(2\widetilde{P}\beta - \beta_{x^k}y^k\right) = 0 \qquad (3.1.21)$$

elde edilir. Yardımcı Teorem 2.2.2 den $n > 2$ için $b^2 \neq 0$ dır. $1 - \dfrac{\beta^2}{F^2b^2} = 0$ ise $b^2 = 0$ olduğu kolayca görülür. O halde,

$$1 - \frac{\beta^2}{F^2b^2} \neq 0$$

dır ve (3.1.21) in sağlanması ancak

$$2\widetilde{P}\beta - \beta_{x^k}y^k = 0 \qquad (3.1.22)$$

ile mümkündür. Burada $\widetilde{P}$ nin değeri dikkate alınarak,

$$\left(\frac{\alpha}{\beta}\right)_{x^k} y^k = 0 \qquad (3.1.23)$$

elde edilir. Tersine olarak, (3.1.23) sağlandığında $P = \Omega = 0$ dır. $\Omega = 0$ için $F^*$ ın projektif düz olduğunu gösteren

$$G^i_{F^*} = (\widetilde{P} + P)y^i + \Omega b^i$$

$$= \widetilde{P} y^i$$

bulunur. Burada $\widetilde{P}$ ve $P$ nin değerleri yerine yazıldığında $F^*$ metriğinin projektif çarpanı

$$P^* = \widetilde{P} = \frac{\beta_{x^k} y^k}{2\beta}$$

olarak elde edilir. □

**Sonuç 3.1.1.** *$F_n$ projektif düz Randers uzayını $F_n^*$ projektif düz bir Finsler uzayına dönüştüren $\rho : F \to F^* = \dfrac{F^2}{\beta}$, $(n > 2)$ Kropina dönüşümü altında, projektif düz Randers uzayının projektif çarpanı ve sprey katsayıları invaryant kalır.*

**Sonuç 3.1.1.** (3.1.22) koşulu altında $P = 0$ ve $\Omega = 0$ olduğundan

$$G^i_{F^*} = \widetilde{P} y^i = G^i_F$$

ve

$$\begin{aligned} P^* &= 2\widetilde{P} - \frac{1}{2\beta} \beta_{x^k} y^k \\ &= \widetilde{P} \end{aligned}$$

elde edilir. □

**Teorem 3.1.2.** *$\rho : F \to F^* = \dfrac{F^2}{\beta}$ dönüşümü projektif düz bir $F_n$ Randers uzayını skaler flag eğrilik, projektif düz bir Finsler uzayına dönüştüren bir Kropina dönüşümü olsun. $F_n^*$ uzayının skaler flag eğriliği*

$$K^* = \frac{\beta^2}{(\alpha + \beta)^4} \left( \widetilde{P}^2 - y^i \partial_i \widetilde{P} \right) \tag{3.1.24}$$

*şeklindedir.*

**İspat 3.1.2.** $F_n^*$ uzayının (2.3.1) ile verilen $R^{*i}_{jkl}$, $R-$eğrilik tensöründe $j$ ve $l$ indisleri üzerine daraltma yapıldığında

$$R^{*i}_k = y^l y^j R^{*i}_{ljk} = 2\partial_k G^i_{F^*} - \partial_j G^i_{F^* k} y^j - G^i_{F^* r} G^r_{F^* k} + 2G^i_{F^* kr} G^r_{F^*} \tag{3.1.25}$$

olur.

(3.1.25) da $k = i$ alındığında

$$R^{*i}_i = 2\partial_i G^i_{F^*} - y^j \partial_j G_{F^*} - G^i_{F^* r} G^r_{F^* i} + 2G_{F^* r} G^r_{F^*} \tag{3.1.26}$$

elde edilir. Projektif düz bir Finsler metriği için $G^i_F = \widetilde{P} y^i$ olduğundan Riemann eğrilik tensörünün bileşenleri $R^i_k = (\widetilde{P}^2 - \widetilde{P}_{x^k} y^k) h^i_k = KF^2 h^i_k$ olarak elde edilir. O halde projektif düz bir Finsler metriği skaler flag eğriliklidir [10]. Buna göre (1.6.6) ve (3.1.16), (3.1.26) de kullanıldığında

$$\begin{aligned} R^{*i}_i =& K^* F^{*2} h^{*i}_i = (1-n)\, y^i\, \partial_i(\widetilde{P} + P) + 2\partial_i(\Omega b^i) - y^j\, \partial_j(\Omega_i b^i) \\ &+ (n-1)(\widetilde{P} + P)^2 + 2(n-1)\Omega(\widetilde{P} + P)_r b^r - \Omega_r \Omega_i b^r b^i + 2\Omega\Omega_{ri} b^i b^r \end{aligned} \tag{3.1.27}$$

bulunur. Diğer taraftan Teorem 3.1.1 gereğince $\Omega = 0, P = 0$ ve $h^{*i}_i = n-1$, (3.1.27) de yerine yazıldığında

$$K^* = \frac{\beta^2}{(\alpha+\beta)^4}\,(\,\widetilde{P}^2 - y^i \partial_i \widetilde{P}\,)$$

olma koşulu elde edilir. Böylece ispat tamamlanmış olur. □

**Yardımcı Teorem 3.1.2.** *Bir $\rho : F \to F^*$ Kropina dönüşümü altında bir Finsler uzayının projektif düz bir Finsler uzayına dönüşmesi için gerek ve yeter koşul*

$$2F\beta^2(F_{x^k y^l} y^k - F_{x^l}) - F^2\beta(\beta_{x^k y^l} y^k - \beta_{x^l}) + 2\left(Fb_l - \beta\frac{y_l}{F}\right)(F\beta_{x^k} - \beta F_{x^k}) y^k = 0 \tag{3.1.28}$$

*eşitliğinin sağlanmasıdır.*

**İspat 3.1.2.** Bir $F^* = \dfrac{F^2}{\beta}$ metriği projektif düz bir Finsler metriği olsun. Bu durumda

$$\begin{aligned} F^*_{x^k y^l} y^k - F^*_{x^l} &= \left(\frac{F^2}{\beta}\right)_{x^k y^l} y^k - \left(\frac{F^2}{\beta}\right)_{x^l} \\ &= -F^2\beta^{-2}(\beta_{x^k y^l} y^k - \beta_{x^l}) + 2F\beta^{-1}(F_{x^k y^l} y^k - F_{x^l}) \\ &+ 2\beta^{-3}(\beta F_{y^l} - Fb_l)(F_{x^k}\beta - F\beta_{x^k}) y^k \end{aligned} \tag{3.1.29}$$

$$= 0$$

veya

$$2F\beta^2(F_{x^ky^l}y^k - F_{x^l}) - F^2\beta(\beta_{x^ky^l}y^k - \beta_{x^l}) + 2(Fb_l - \beta\frac{y_l}{F})(F\beta_{x^k} - \beta F_{x^k})y^k = 0$$

dır. Tersine olarak (3.1.28) ile verilen denklemin sağlanması halinde (3.1.29) dan $F^*_{x^ky^l}y^k - F^*_{x^l} = 0$ olduğu görülür. □

**Teorem 3.1.3.** *$\rho : F \to F^* = \dfrac{\alpha^2}{\beta}$ dönüşümü, projektif düz bir Riemann metriğini bir Kropina metriğine dönüştüren bir Kropina dönüşümü olsun. $r_{00} = c\alpha^2$, $c = \dfrac{n-1}{n-2}, (n > 2)$ koşulu ve $\rho$ dönüşümü altında, $F^* = \dfrac{\alpha^2}{\beta}$ Kropina metriğinin skaler flag eğrilikli bir genelleştirilmiş Douglas metriği olması için gerek ve yeter koşul*

$$\left(\frac{\alpha}{\beta}\right)_{x^k} y^k = 0. \tag{3.1.30}$$

**İspat 3.1.3.** $F^*_n$, $\rho : F \to F^* = \dfrac{F^2}{\beta}$ Kropina dönüşümü ile elde edilmiş bir skaler flag eğrilikli genelleştirilmiş Douglas metrikli bir Kropina uzayı olsun. Bu taktirde $F_n$ uzayı $F = \alpha$ metrikli bir Riemann uzayıdır ve bu hal için (3.1.28) denklemi

$$2\alpha\beta^2(\alpha_{x^ky^l}y^k - \alpha_{x^l}) - \alpha^2\beta(\beta_{x^ky^l}y^k - \beta_{x^l}) + 2(\alpha b_l - \beta\alpha_{y_l})(\alpha\beta_{x^k} - \beta\alpha_{x^k})y^k = 0 \tag{3.1.31}$$

şeklini alır. Hipotez gereğince $F = \alpha$ metriği projektif düz ve $F^* = \dfrac{\alpha^2}{\beta}$ Kropina metriği skaler flag eğrilikli genelleştirilmiş Douglas metriği olduğundan (1.7.1) ve Teorem refT2:5den, sırasıyla,

$$\begin{aligned} \alpha_{x^ky^l}y^k - \alpha_{x^l} &= 0 \\ s_{kl} &= 0, \quad \left(\beta_{x^ky^l}y^k - \beta_{x^l} = 0\right). \end{aligned}$$

Bu koşullar altında (3.1.31) den elde edilen denklemin her iki tarafının $b^l$ ile daraltılması ile

$$2\left(\alpha b^2 - \frac{\beta^2}{\alpha}\right)(\alpha\beta_{x^k} - \beta\alpha_{x^k})\, y^k = 0$$

bulunur. $n > 2$ için $\alpha b^2 - \dfrac{\beta^2}{\alpha} \neq 0$ olacağından

$$(\alpha\beta_{x^k} - \beta\alpha_{x^k})\, y^k = 0$$

veya

$$\left(\frac{\alpha}{\beta}\right)_{x^k} y^k = 0$$

elde edilir. Tersine olarak, (3.1.30) koşulu altında , projektif düz bir $F_n$ uzayı için (3.1.31) koşulu $\beta$ nın kapalı veya $s_{kl} = 0$ olduğunu gösteren

$$-\alpha^2\beta(\beta_{x^k y^l} y^k - \beta_{x^l}) = 0$$

formuna indirgenir. Diğer taraftan, hipotez gereğince, $r_{00} = c\alpha^2$, $c = \dfrac{n-1}{n-2}$, $(n > 2)$ olduğundan Teorem 2.4.1 ve Teorem 2.4.2 den $F_n^*$ uzayı skaler eğrilikli bir genelleştirilmiş Douglas uzayıdır. Böylece ispat tamamlanmış olur. □

# Sonuçlar ve Tartışma

Yapılan literatür taramaları sonucunda Douglas metrikli Finsler uzaylarının karakterizasyonunun yapıldığı ve bazı özel koşulları sağlayan özel Douglas tipli metriklerin özelliklerinin tespit edildiği saptanmıştır. Bu alanda yapılmış daha önceki çalışmalar bu çalışmasındaki ana problemin belirlenmesine yardımcı olmuş ve problem Douglas metrikli uzayların daha genel bir sınıfını oluşturan genelleştirilmiş Douglas metrikli uzayları araştırma problemi olarak düşünülmüştür. Bu problemin özel bir hali olan bir Kropina uzayının genelleştirilmiş Douglas uzayı olma koşullarının belirlenmesi temel problem olmuştur. Çalışmada, genelleştirilmiş Douglas metrikli Kropina uzayları göz önüne alınarak, öncelikle, bu uzayların temel özellikleri belirlenmiş ve böyle bir metriğe sahip Kropina uzaylarını karakterize eden polinom denklemler elde edilmiştir. Daha sonra, bu polinom denklemleri sağlayan gerek koşullar bir teoremle ifade ve ispat edilmiştir. Sonra, $R^i_{jkl}$ eğrilik tensörü incelenmiş ve bu tensörü için Riemannian geometrideki birinci ve ikinci Bianchi özdeşliklerine eşdeğer olan özdeşlikler ispat edilmiştir. Ayrıca, skaler flag eğrilikli Kropina uzaylarını karakterize eden koşullar yardımıyla skaler flag eğrilikli bir Kropina uzayının genelleştirilmiş Douglas uzayı olması için gerek ve yeter koşullar bir teoremle ifade ve ispat edilmiştir. Daha sonra, Finsler uzaylarının projektif dönüşümü üzerine $Z-$projektiflik koşulu gözönüne alınarak, bu koşul altında invaryant kalan büyüklükler elde edilmiştir. Bununla birlikte bu çalışmada, bir Kropina uzayı ile bir Finsler uzayı arasındaki projektif dönüşümün $Z-$projektif olması için gerek ve yeter koşullar elde edilerek bir teoremle ifade ve ispat edilmiştir. Sonra bir Finsler uzayının $D-$rekürant olması tanımlanarak $D-$rekürant bir Kropina uzayının genelleştirilmiş Douglas metrikli olması için gerek ve yeter koşullar bulunarak ispatlanmıştır. Tezin son bölümünde, iki Finsler uzayının metrikleri arasında bir Kropina dönüşümü tanımlanarak, bu Kropina dönüşümü altında, projektif düz bir Randers uzayının projektif düz bir Finsler uzayına dönüşmesi için gerek ve yeter koşul elde edilerek ispat edilmiştir ve dönüşüm uzayının skaler flag eğriliği elde edilmiştir. Son olarak projektif düz bir Riemann metriğinin bir Kropina dönüşümü ile skaler flag eğrilikli ve genelleştirilmiş Douglas metrikli bir Kropina metriğine dönüşmesi için gerek ve yeter koşul bir teoremle ispat edilmiştir.

# Kaynaklar


[1] **Z. Shen**, Lectures on Finsler geometry, *World Scientific, Singapore, New Jersey, London, Hong Kong*, (2001).

[2] **D. Bao and C. Robles**, Ricci and flag curvatures in Finsler geometry, *Riemann Finsler Geometry MSRI Publ.*, **50**, $197-261(2004)$.

[3] **M. Matsumoto**, Theory of Finsler spaces with an $(\alpha,\beta)-$metric, *Rep. on Math.Phys.*, **31**, $43-83(1992)$.

[4] **Z. Shen**, Differential geometry of spray and Finsler spaces, *Kluwer Academic Publishers, Dordrecht*, (2001).

[5] **D. Bao, S.S. Chern and Z. Shen**, An introduction to Riemann-Finsler geometry, *Graduate Texts in Mathematics, Springer-Verlag New York, Inc.*, (2000).

[6] **M. Matsumoto**, The Berwald connection of a Finsler space with an $(\alpha,\beta)-$metric, *Tensor, N. S.*, **50**, $18-25(1991)$.

[7] **S. Bácsó and M. Matsumoto**, On Finsler spaces of Douglas type II. projectively flat spaces, *Publ. Math., Debrecen*, **53/3-4**, $423-438(1998)$.

[8] **R. Yoshikawa, K. Okubo and M. Matsumoto**, The conditions for some $(\alpha,\beta)-$metric spaces to be weakly-Berwald spaces, *Tensors, N., S.*, **65**, $278-290(2004)$.

[9] **S.S. Chern and Z. Shen**, Riemann-Finsler geometry, *World Scientific, Singapore, New Jersey, London, Hong Kong*, (2005).

[10] **Z. Shen**, Projectively flat Finsler metrics of constant flag curvature, *Trans. of Amer. Math. Soc.*, **355(4)**, $1713-1728(2002)$.

[11] **M. Matsumoto and X. Wei**, Projective change of Finsler spaces of constant curvature, *Publ. Math., Debrecen*, **44/1-2**, $175 - 181(1994)$.

[12] **Z.I. Szabó**, Hilbert's fourth problem, *Adv. in Math.*, **59**, $185 - 301(1986)$.

[13] **Z. Shen and G.C. Yıldırım**, A characterization of Randers metrics of scalar flag curvature, *Preprint*, $(2005)$.

[14] **A. Rapsáck**, Über die bahntreuen abbildungen metrisher räume, *Publ. Math., Debrecen*, **8**, $285 - 290(1961)$.

[15] **S. Bácsó and M. Matsumoto**, On Finsler spaces of Douglas type. A generalization of the notion of Berwald space, *Publ. Math., Debrecen,* **53/3-4**, $423 - 438(1998)$.

[16] **B. Najafi, Z. Shen and A. Tayebi**, On a projective class of Finsler metrics, *Math. Subj. Class., preprint.*

[17] **X. Chen and Z. Shen**, On Douglas metrics, *Publ. Math., Debrecen,* $1 - 8(2005)$.

[18] **S. Bácsó and I. Papp**, A note on generalized Douglas space, *Per. Math., Hung.*, **48/1-2**, $181 - 184(2004)$.

[19] **H.G. Nagaraja**, On projective changes of Finsler metrics, *Tensor, N.S.*, **65**, $181 - 188(2004)$.

[20] **J. Szilasi and Sz. Vattamány**, On projective geometry of sprays, *Diff. Geom. Appl.*, **12**, $185 - 206(2000)$.

[21] **S. Bacso and M. Matsumoto**, Projective changes between Finsler spaces with $(\alpha, \beta)-$metric, *Tensor, N.S.*, **55**, (1994).

[22] **M. Hashiguchi, S. Hojo and M. Matsumoto**, Landsberg spaces of dimension two with $(\alpha, \beta)-$metric, *Tensor, N.S.*, **57**, $145 - 153(1996)$.

[23] **B-D. Kim and Ha-Y. Park**, On special Finsler spaces with common geodesics , *Korean Math. Soc.*, **15**, $331 - 338(2000)$.

[24] **L. Debnath**, Nonlinear partial differential equations for scientists and engineers, *Birkhauser, Boston*, $(1997)$.

[25] **M. Matsumoto**, Finsler spaces with $(\alpha, \beta)-$ metric of Douglas type, *Tensor, N.,S.*, **60**, $123 - 134(1998)$.

[26] **U.P. Singh, B.N. Prasad and B. Kumari**, On a Kropina change of Finsler metric, *Tensor, N.S.*, **64**, $181 - 188(2003)$.

Printed by Books on Demand GmbH, Norderstedt / Germany